国家出版基金项目
NATIONAL PUBLICATION FOUNDATION

民机先进制造工艺技术系列

主 编 林忠钦

民用飞机构件数控加工技术

Numerical Control Machining Technology of Civil Aircraft Structure Parts

陈 明 明伟伟 安庆龙 编著

上海交通大学出版社
SHANGHAI JIAO TONG UNIVERSITY PRESS

内容提要

本书介绍民用飞机结构件数控加工技术发展现状,围绕民用飞机典型结构件的结构特征和材料特点,指出以整体结构和难加工材料为特色的民用飞机结构件的发展对高效精密数控加工技术提出了新的要求和新的挑战。针对民用飞机结构件不同的结构特征,以实际应用案例,分类介绍实现高效精密数控加工的关键技术,包括高速切削力建模、切削温度建模、切削稳定性建模、高速铣削中刀具路径优化技术、工艺参数优化技术、加工变形主动控制技术、残余应力调控技术、加工系统检测技术、柔性工装技术、镜像铣削技术、螺旋铣孔技术、先进冷却技术、先进夹具技术和高性能专用刀具设计制备及其应用技术等,涉及壁板、框类零件、梁类零件、长桁类零件、蒙皮、接头类零件以及复合材料叠层等民用飞机典型结构件。

本书适合航空制造业各工厂和研究所从事飞机结构件制造的专业技术人员和管理人员参考使用,也可作为飞行器制造工程专业的本科生和研究生教材。

图书在版编目(CIP)数据

民用飞机构件数控加工技术 / 陈明,明伟伟,安庆
龙编著. 一上海:上海交通大学出版社,2016
(大飞机出版工程)
ISBN 978 - 7 - 313 - 16295 - 3

Ⅰ.①民… Ⅱ.①陈…②明…③安… Ⅲ.①民用飞
机-飞机构件-数控机床-加工工艺 Ⅳ.①V262

中国版本图书馆 CIP 数据核字(2016)第 308914 号

民用飞机构件数控加工技术

编　著:	陈　明　明伟伟　安庆龙			
出版发行:	上海交通大学出版社	地　　址:	上海市番禺路 951 号	
邮政编码:	200030	电　　话:	021 - 64071208	
出 版 人:	郑益慧			
印　制:	苏州市越洋印刷有限公司	经　　销:	全国新华书店	
开　本:	787 mm×1092 mm　1/16	印　　张:	15.75	
字　数:	309 千字			
版　次:	2016 年 12 月第 1 版	印　　次:	2016 年 12 月第 1 次印刷	
书　号:	ISBN 978 - 7 - 313 - 16295 - 3/V			
定　价:	98.00 元			

大飞机出版工程

丛 书 编 委 会

总主编

顾诵芬（中国航空工业集团公司科技委副主任、中国科学院和中国工程院院士）

副总主编

金壮龙（中国商用飞机有限责任公司董事长）

马德秀（上海交通大学原党委书记、教授）

编　委（按姓氏笔画排序）

王礼恒（中国航天科技集团公司科技委主任、中国工程院院士）

王宗光（上海交通大学原党委书记、教授）

刘　洪（上海交通大学航空航天学院副院长、教授）

许金泉（上海交通大学船舶海洋与建筑工程学院教授）

杨育中（中国航空工业集团公司原副总经理、研究员）

吴光辉（中国商用飞机有限责任公司副总经理、总设计师、研究员）

汪　海（上海市航空材料与结构检测中心主任、研究员）

沈元康（中国民用航空局原副局长、研究员）

陈　刚（上海交通大学原副校长、教授）

陈迎春（中国商用飞机有限责任公司常务副总设计师、研究员）

林忠钦（上海交通大学常务副校长、中国工程院院士）

金兴明（上海市政府副秘书长、研究员）

金德琨（中国航空工业集团公司科技委委员、研究员）

崔德刚（中国航空工业集团公司科技委委员、研究员）

敬忠良（上海交通大学航空航天学院常务副院长、教授）

傅　山（上海交通大学电子信息与电气工程学院研究员）

民机先进制造工艺技术系列

编 委 会

主 编

林忠钦（上海交通大学常务副校长、中国工程院院士）

副主编

姜丽萍（中国商飞上海飞机制造有限公司总工程师、研究员）

编 委（按姓氏笔画排序）

习俊通（上海交通大学机械与动力学院副院长、教授）

万　敏（北京航空航天大学飞行器制造工程系主任、教授）

毛荫风（中国商飞上海飞机制造有限公司原总工程师、研究员）

孙宝德（上海交通大学材料科学与工程学院院长、教授）

刘卫平（中国商飞上海飞机制造有限公司副总工程师、研究员）

汪　海（上海市航空材料与结构检测中心主任、研究员）

陈　洁（中国商飞上海飞机制造有限公司总冶金师、研究员）

来新民（上海交通大学机械与动力工程学院机械系主任、教授）

陈　磊（中国商飞上海飞机制造有限公司副总工程师、航研所所长、研究员）

张　平（成飞民机公司副总经理、技术中心主任、研究员）

张卫红（西北工业大学副校长、教授）

赵万生（上海交通大学密歇根学院副院长、教授）

倪　军（美国密歇根大学机械工程系教授、上海交通大学密歇根学院院长、教授）

黄卫东（西北工业大学凝固技术国家重点实验室主任、教授）

黄　翔（南京航空航天大学航空宇航制造工程系主任、教授）

武高辉（哈尔滨工业大学金属基复合材料与工程研究所所长、教授）

总　序

　　国务院在 2007 年 2 月底批准了大型飞机研制重大科技专项正式立项,得到全国上下各方面的关注。"大型飞机"工程项目作为创新型国家的标志工程重新燃起我们国家和人民共同承载着"航空报国梦"的巨大热情。对于所有从事航空事业的工作者,这是历史赋予的使命和挑战。

　　1903 年 12 月 17 日,美国莱特兄弟制作的世界第一架有动力、可操纵、比重大于空气的载人飞行器试飞成功,标志着人类飞行的梦想变成了现实。飞机作为 20 世纪最重大的科技成果之一,是人类科技创新能力与工业化生产形式相结合的产物,也是现代科学技术的集大成者。军事和民生对飞机的需求促进了飞机迅速而不间断的发展和应用,体现了当代科学技术的最新成果;而航空领域的持续探索和不断创新,为诸多学科的发展和相关技术的突破提供了强劲动力。航空工业已经成为知识密集、技术密集、高附加值、低消耗的产业。

　　从大型飞机工程项目开始论证到确定为《国家中长期科学和技术发展规划纲要》的十六个重大专项之一,直至立项通过,不仅使全国上下重视起我国自主航空事业,而且使我们的人民、政府理解了我国航空事业半个世纪发展的艰辛和成绩。大型飞机重大专项正式立项和启动使我们的民用航空进入新纪元。经过 50 多年的风雨历程,当今中国的航空工业已经步入了科学、理性的发展轨道。大型客机项目其产业链长、辐射面宽、对国家综合实力带动性强,在国民经济发展和科学技术进步中发挥着重要作用,我国的航空工业迎来了新的发展机遇。

　　大型飞机的研制承载着中国几代航空人的梦想,在 2016 年造出与波音 B737 和空客 A320 改进型一样先进的"国产大飞机"已经成为每个航空人心中奋斗的目标。然而,大型飞机覆盖了机械、电子、材料、冶金、仪器仪表、化工等几乎所有工业门类,集成了数学、空气动力学、材料学、人机工程学、自动控制学等多种学科,是一个复杂的科技创新系统。为了迎接新形势下理论、技术和工程等方面的严峻挑战,迫切需要引入、借鉴国外的优秀出版物和数据资料,总结、巩固我们的经验和成果,编著一套以"大飞机"为主题的丛书,借以推动服务"大型飞机"作为推动服务整个航空科学的切入点,同时对于促进我国航空事业的发展和加快航空紧缺人才的培养,具有十分重要的现实意义和深远的历史意义。

2008 年 5 月,中国商用飞机有限公司成立之初,上海交通大学出版社就开始酝酿"大飞机出版工程",这是一项非常适合"大飞机"研制工作时宜的事业。新中国第一位飞机设计宗师——徐舜寿同志在领导我们研制中国第一架喷气式歼击教练机——歼教 1 时,亲自撰写了《飞机性能及算法》,及时编译了第一部《英汉航空工程名词字典》,翻译出版了《飞机构造学》《飞机强度学》,从理论上保证了我们飞机研制工作。我本人作为航空事业发展 50 年的见证人,欣然接受了上海交通大学出版社的邀请担任该丛书的主编,希望为我国的"大型飞机"研制发展出一份力。出版社同时也邀请了王礼恒院士、金德琨研究员、吴光辉总设计师、陈迎春副总设计师等航空领域专家撰写专著、精选书目,承担翻译、审校等工作,以确保这套"大飞机"丛书具有高品质和重大的社会价值,为我国的大飞机研制以及学科发展提供参考和智力支持。

编著这套丛书,一是总结整理 50 多年来航空科学技术的重要成果及宝贵经验;二是优化航空专业技术教材体系,为飞机设计技术人员培养提供一套系统、全面的教科书,满足人才培养对教材的迫切需求;三是为大飞机研制提供有力的技术保障;四是将许多专家、教授、学者广博的学识见解和丰富的实践经验总结继承下来,旨在从系统性、完整性和实用性角度出发,把丰富的实践经验进一步理论化、科学化,形成具有我国特色的"大飞机"理论与实践相结合的知识体系。

"大飞机"丛书主要涵盖了总体气动、航空发动机、结构强度、航电、制造等专业方向,知识领域覆盖我国国产大飞机的关键技术。图书类别分为译著、专著、教材、工具书等几个模块;其内容既包括领域内专家们最先进的理论方法和技术成果,也包括来自飞机设计第一线的理论和实践成果。如：2009 年出版的荷兰原福克飞机公司总师撰写的 *Aerodynamic Design of Transport Aircraft*（《运输类飞机的空气动力设计》），由美国堪萨斯大学 2008 年出版的 *Aircraft Propulsion*（《飞机推进》）等国外最新科技的结晶；国内《民用飞机总体设计》等总体阐述之作和《涡量动力学》《民用飞机气动设计》等专业细分的著作；也有《民机设计 1 000 问》《英汉航空双向词典》等工具类图书。

　　该套图书得到国家出版基金资助，体现了国家对"大型飞机项目"以及"大飞机出版工程"这套丛书的高度重视。这套丛书承担着记载与弘扬科技成就、积累和传播科技知识的使命，凝结了国内外航空领域专业人士的智慧和成果，具有较强的系统性、完整性、实用性和技术前瞻性，既可作为实际工作指导用书，亦可作为相关专业人员的学习参考用书。期望这套丛书能够有益于航空领域里人才的培养，有益于航空工业的发展，有益于大飞机的成功研制。同时，希望能为大飞机工程吸引更多的读者来关心航空、支持航空和热爱航空，并投身于中国航空事业做出一点贡献。

2009 年 12 月 15 日

民机先进制造工艺技术系列

序

　　制造业是国民经济的主体,是立国之本、兴国之器、强国之基。《中国制造2025》提出,坚持创新驱动、智能转型、强化基础、绿色发展,加快从制造大国转向制造强国。航空装备,作为重点发展的十大领域之一,目前正处于产业深化变革期;加快大型飞机研制,是航空装备发展的重中之重,也是我国民机制造技术追赶腾飞的机会和挑战。

　　民机制造涉及新材料成形、精密特征加工、复杂结构装配等工艺,先进制造技术是保证民机安全性、经济性、舒适性、环保性的关键。我国从运–7、新支线ARJ21–700到正在研制的C919、宽体飞机,开展了大量的工艺试验和技术攻关,正在探索一条符合我国民机产业发展的技术路线,逐步建立起满足适航要求的技术平台和工艺规范。伴随着ARJ21和C919的研制,正在加强铝锂合金成形加工、复合材料整体机身制造、智能自动化柔性装配等技术方面的投入,以期为在宽体飞机等后续型号的有序可控生产奠定基础。但与航空技术先进国家相比,我们仍有较大差距。

　　民机制造技术的提升,有赖于国内五十多年民机制造的宝贵经验和重要成果的总结,也将得益于借鉴国外的优秀出版物和数据资料引进。因此有必要编著一套以"民机先进制造工艺技术"为主题的丛书,服务于在研大型飞机以及后续型号的开发,同时促进我国制造业技术的发展和紧缺人才的培养。

　　本系列图书筹备于2012年,启动于2013年,为了保证本系列图书的品质,先后召开三次编委会会议和图书撰写会议,进行了丛书框架的顶层设计、提纲样章的评审。在编写过程中,力求突出以下几个特点:① 注重时效性,内容上侧重在目前民机研制过程中关键工艺;② 注重前沿性,特别是与国外先进技术差距大的方面;③ 关注设计,注重民机结构设计与制造问题的系统解决;④ 强调复合材料制造工艺,体现民机先进材料发展的趋势。

该系列丛书内容涵盖航空复合材料结构制造技术、构件先进成形技术、自动化装配技术、热表特种工艺技术、材料和工艺检测技术等面向民机制造领域前沿的关键性技术方向,力求达到结构的系统性,内容的相对完整性,并适当结合工程应用。丛书反映了学科的近期和未来的可能发展,注意包含相对成熟的内容。

本系列图书由中国商飞上海飞机制造有限公司、中航工业成都飞机工业(集团)有限责任公司、沈阳飞机设计研究所、北京航空制造工程研究所、中国飞机强度研究所、沈阳铸造研究所、北京航空航天大学、南京航空航天大学、西北工业大学、上海交通大学、西安交通大学、清华大学、哈尔滨工业大学和南昌航空航天大学等单位的航空制造工艺专家担任编委及主要撰写专家。他们都有很高的学术造诣,丰富的实践经验,在形成系列图书的指导思想、确定丛书的覆盖范围和内容、审定编写大纲、确保整套丛书质量中,发挥了不可替代的作用。在图书编著中,他们融入了自己长期科研、实践中获得的经验、发现和创新,构成了本系列图书最大的特色。

本系列图书得到2016年国家出版基金的资助,充分体现了国家对"大飞机工程"的高度重视,希望该套图书的出版能够真正服务到国产大飞机的制造中去。我衷心感谢每一位参与本系列图书的编著人员,以及所有直接或间接参与本系列图书审校工作的专家学者,还有上海交通大学出版社的"大飞机出版工程"项目组,正是在所有工作人员的共同努力下,这套图书终于完整地呈现在读者的面前。我衷心希望本系列图书能切实有利于我国民机制造工艺技术的提升,切实有利于民机制造行业人才的培养。

2016 年 3 月 25 日

前　　言

　　飞机结构件采用以高比强度和比刚度、低密度、良好的耐腐蚀性能和优越的抗疲劳性能为特点的先进航空材料,以及以最大限度提高结构效率为主要目标的整体化、轻量化和模块化的结构设计方法,满足了性能提升的要求,但同时也给结构件实现高效精密数控加工提出了新的挑战,高效精密数控加工技术一直是航空制造领域的核心关键技术。

　　民用飞机壁板、梁、长桁、缘条、框肋、接头、骨架和蒙皮等承力构件均采用整体结构设计,这些结构件形状复杂,具有薄壁、加强筋、凸台、深腔、深槽、复杂曲面等结构特征,材料去除量大,对生产效率、加工质量和制造成本具有非常重要的影响。在选择大型高速高精度数控加工中心作为主要生产设备的前提下,客观上要求具有高材料去除率的制造工艺,满足零件加工对生产效率的要求;另外,某些飞机结构件其结构刚性差,加工过程易发生切削颤振,切削热和切削力易引发加工变形,客观上要求优化刀具路径和切削参数。高速切削技术具有独特的加工机理和技术优势,成为飞机整体薄壁构件实现高效精密和可靠加工的主要工艺技术。

　　实现高效精密数控加工是一项系统工程。机床性能的大幅提升和刀具制造技术的不断改进为高速加工技术在飞机结构件制造中的广泛应用提供了重要保障。大型龙门多主轴五坐标数控加工中心成为大型航空整体结构件的主要加工设备,高速度、高精度、高可靠性和专用化数控加工刀具普遍应用于生产线,大幅度减少了切削加工时间。飞机结构件具有形状结构相似的特点并呈现系列化,采用机电液一体化技术和多传感器信息融合技术的柔性工装系统,将大幅度减少加工辅助时间,进一步提高生产效率和加工质量。

　　以高速加工为基础的飞机整体壁板和蒙皮镜像铣削技术已经替代传统的化铣技术,不仅实现了绿色制造,而且可以大幅度提高加工效率并实现壁厚尺寸的精确控制。以螺旋铣孔技术为基础的复合材料和金属叠层装配技术,解决了复合材料制孔分层和制孔精度难以保证等问题,尤其是满足大型异型窗口的加工要求,成为复合材料和金属叠层高效精密制孔的关键技术。

　　本书首先介绍民用飞机结构件数控加工技术发展现状,围绕民用飞机典型结构件的结构特征和材料特点,指出以整体结构和难加工材料为特色的民用飞机结构件的发展对高效精密数控加工技术提出了新的要求和新的挑战;详细介绍民用飞机结构件数控加工机床的大功率、多动力头和五轴联动等应用特点,及自动化柔性工装夹具应用特点;介绍民用飞机结构件数控加工刀具应用特点和先进夹具系统;针对民用飞机结构件不同的结构特征,以实际应用案例,分类介绍实现高效精密数控加工的关键技术,包括高速切削力建模、切削温度建模、切削稳定性建模、高速铣削中刀具路径优化技术、工艺参数优化技术、加工变形主动控制技术、残余应力调控技术、加工系统检测技术、柔性工装技术、镜像铣削技术、螺旋铣孔技术、先进冷却技术、先进夹具技术和高性能专用刀具设计制备及其应用技术等,涉及壁板、框类零件、梁类零件、长桁类零件、蒙皮、接头类零件以及复合材料叠层等民用飞机典型结构件。本书适合航空制造业各工厂和研究所从事飞机结构件制造的专业技术人员和管理人员参考使用,也可作为飞行器制造工程专业的本科生和研究生教材。

　　本书共分为11章,各章编写的分工如下:第1章、第3章、第7章由陈明编写,第2章、第4章、第5章、第9章由安庆龙编写,第6章、第8章、第10章、第11章由明伟伟编写。陈明负责全书内容筹划,明伟伟负责文字和图表的计算机输入和编辑,陈瑞也做了部分稿件整理工作。

　　在本书编写过程中,作者对我国主要的飞机制造厂和相关研究所进行了充分调研,得到了许多同行专家的大力支持和热情帮助。本书内容来源于作者多年来从事飞机结构件高效精密加工技术研究的科研成果以及产学研合作的技术应用成果,并参阅了其他相关资料和文献。在此谨向所有提供资料和帮助的同行专家、技术人员表示衷心感谢。

　　本书相关研究内容先后得到国家自然科学基金项目(51405294、51475298、51305270、51275168、51105253)、国家"高档数控机床与基础制造装备"科技重大专项 (2016ZX04002005、 2015ZX04002102、 2013ZX04009031、 2012ZX04003051、2012ZX04012021、2011ZX04015031、2009ZX04014041)、国家 863 计划项目(2014AA041504、2013AA040104)及上海市技术标准专项计划项目(15DZ0504500)等资助,在此一并表示衷心感谢。

　　由于编写人员时间、知识和经验有限,本书在内容编排、题材设计、技术水平和文字描述等方面存在的疏漏和不妥之处,恳请广大读者批评指正,以便今后本书的修订。

编著者
2016 年 10 月

目　　录

1 绪 论

航空工业具有产业链长、辐射面宽、连带效应强的特点,是引领科技发展的重要国家战略性产业[1],是促进经济发展、维护国家安全的重要基础,是任何一个希冀在国际舞台上有所作为的国家在打造自己综合国力时不得不角逐的制高点[2]。航空工业发展水平代表着国家综合国力和国际竞争力,世界主要国家无一不高度重视航空工业的发展。我国始终把航空工业作为带动国家科学技术发展的重要产业,尤其进入 21 世纪以来,随着《国家中长期科学和技术发展规划纲要(2006—2020)》确定研制和发展大型飞机为我国重大科技专项,我国的航空工业迎来了崭新的发展机遇和广阔的发展空间,在国际航空界占据了重要的地位。航空产业也是现代制造业的一颗明珠,能够带动新材料、现代制造、先进动力、电子信息、自动控制、计算机等相关领域关键技术的群体突破,技术扩散率高达 60%,还将带动流体力学、固体力学、计算数学、热物理、化学、信息科学、环境科学等诸多基础学科的重大发展[1]。因此,中国商用飞机有限责任公司牵头研制的国产大型飞机 C919,必将在未来二十年引领我国航空制造业快速发展。数控加工作为一种高效、精密的数字化切削加工技术,已成为飞机复杂结构件机械加工的主要手段,飞机结构件 50% 以上的加工工作量由数控加工完成。而随着航空工业的不断发展,飞机性能的不断提升,飞机结构件日趋大型化、复杂化,对相应的数控加工装备及数控加工技术提出了更为苛刻的要求。

1.1 民用飞机结构件结构特征

飞机结构件是构成飞机机体骨架和气动外形的主要组成部分。先进结构设计是保证现代航空产品安全可靠性和经济性的关键技术。随着现代飞机为满足隐身、超声速巡航、超常规机动、高信息感知能力、长寿命、结构轻量化等方面的性能要求,以最大限度提高结构效率为主要目标的飞机结构设计整体化、轻量化和模块化是新一代大型客机结构发展趋势,已经成为先进大型飞机结构设计领域的重要标志[3-5]。现代飞机结构设计呈现以下发展趋势。

1) 结构整体化、大型化

大型客机机翼梁、长桁、缘条、框肋、大型带筋壁板、接头和骨架等主承力构件均采用整体结构设计[6,7],如图1-1所示。整体结构件在航空产品中的广泛应用可以减少零件数量,减轻产品结构重量10%～30%,满足产品轻量化要求;可以消除和减少连接装配,使装配工作量减少80%～90%,缩短产品生产周期,应力集中水平降低30%～50%,提高结构强度和疲劳性能,满足产品安全可靠性和经济性要求。波音公司B747客机机身采用整体带筋壁板代替铆接组合式壁板,零件数从129个减少到7个,成本降低25%,寿命提高3倍;安22运输机机身采用20个大型隔框锻件,减少了800种零件,减重1t。

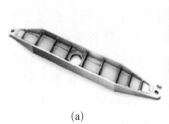 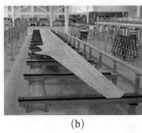 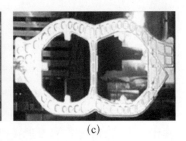

(a)   (b)   (c)

图1-1 航空整体结构件在飞机中的应用

(a) 某型号飞机起落架梁   (b) A380铝合金机翼上壁板   (c) F22钛合金整体框

2) 结构复杂化、制造精确化

飞机整体结构日趋复杂,其外形多数与飞机的气动特性相关,周边轮廓与其他零件还有复杂的装配协调关系。同时,薄壁加筋结构使得结构件刚性弱,筋顶结构复杂,壁厚最薄部位不足1 mm。精确制造对结构件形位、尺寸公差都提出了更高的要求,以满足精确装配的需要,如腹板最高精度达到±0.1 mm,比前一代飞机提高一倍以上。

航空整体结构件形状复杂,具有薄壁、深腔、深槽、复杂曲面等结构特征,材料去除量大,对生产效率、加工质量和制造成本具有非常重要的影响,对制造技术提出更高的要求。美国四代战斗机F-22上的583框体零件毛坯重量达2 227 kg,切削加工后零件重量仅122 kg,材料去除量高达95%[8];波音公司C-17铝合金整体机翼框毛坯重达4 t,最终零件仅147 kg,96%的材料通过切削加工切除。因此,在选择大型高速高精度数控加工中心作为主要生产设备的基础上,整体结构件制造客观上要求具有高材料去除率的制造工艺,满足零件对生产效率的要求;其结构刚性差,加工过程易发生切削颤振,切削热和切削力易引发加工变形,客观上要求优化加工参数,保证加工质量,形成具有高精度、高稳定性和高可靠性的成套制造工艺。航空整体结构件的高效精密加工技术已经成为衡量国家航空制造水平的重要标准,是航空制造领域的核心关键技术。

1.2 民用飞机结构件材料

高性能、轻量化、精密化、高效化、可靠、经济和环保成为21世纪航空产品的发展趋势,航空产品必须采用先进航空材料和结构设计来满足用户对产品性能不断提升的要求[9]。先进航空材料是航空产品实现所期望的技术性能、使用寿命和可靠性的技术基础,具有高比强度和比刚度、低密度、良好的耐腐蚀性能和优越的抗疲劳性能等特点。当前飞机机体材料主要采用铝合金、钛合金、高强度钢和复合材料。如图 1-2 所示,B787 飞机材料分布及用量,复合材料用量占比已经达到 50%,钛合金材料用量也上升到 15%,而铝合金用量下降到 20%。

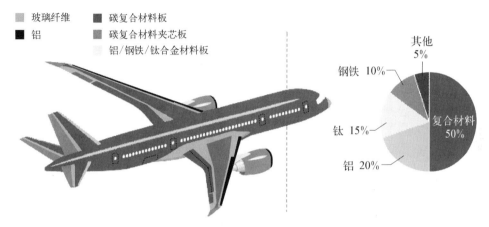

图 1-2　B787 主要材料用量及分布

1.2.1　铝合金

虽然复合材料和钛合金在飞机结构件中的用量已经大幅提升,但铝合金密度较小、比强度较高、耐蚀性好、成形性较好、工艺成熟、使用数据充分、资源丰富、成本低廉,而且近年来不断提高性能,降低成本,开发新型铝合金,铝合金并未像预期的那样迅速退出飞机结构材料的舞台。如图 1-3 所示,低密度和高强度等先进铝合金材料成为主要发展方向[10],仍在 B737、B787、A350、A380 等最先进的飞机上使用,铝合金在飞机结构件上的主要分布如图 1-4 所示。

目前处于第三个发展阶段的铝锂合金是先进铝合金材料的代表,铝锂合金中锂含量提高 1%,合金重量将减少 3%,弹性模量提高 6%,强度提高 50%。新型铝锂合金开始向超强、超韧性、超低密度、低各向异性、优异热稳定性等方向发展,具有优良的耐腐蚀和抗疲劳性能。铝锂合金已经成为未来民用飞机结构件金属材料选材的重要方向。空客公司 A380 客机采用铝合金材料约占整个机体结构重量的 61%,主要采用了 7055、7085 等新型高强度铝合金和 2099、2195 等低密度铝锂合金制造飞机机翼梁、地板梁等承力部件[11]。A350 机身蒙皮、桁条、横梁和座椅滑轨均采用铝锂合金 2198-8X。庞巴迪 C SERIES 飞机中,采用全铝锂合金机身。我国 C919 大型客机采用 2060、2099、2198、2196 等牌号铝合金用于飞机结构件制造。

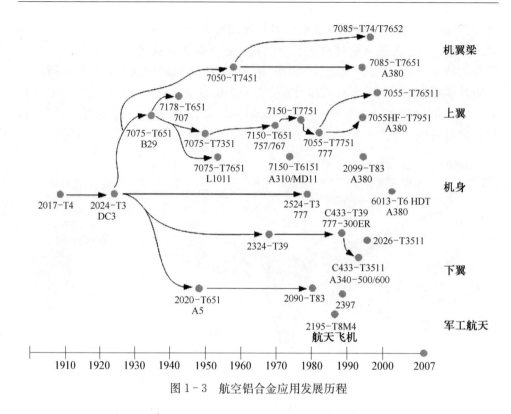

图 1-3　航空铝合金应用发展历程

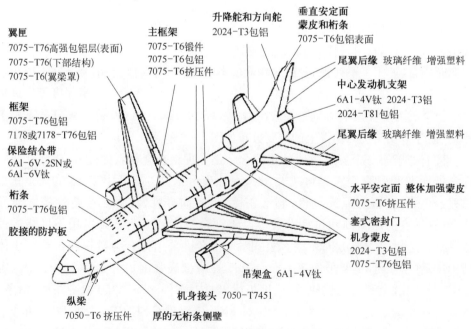

图 1-4　铝合金在飞机结构件上的主要分布

1.2.2 钛合金

钛合金由于具有高强度、低密度、高损伤容限和抗腐蚀能力使其代替钢而广泛应用,但是它的高价格使其应用受到限制。随着材料制备技术和先进制造技术的不断发展,突破了成本和加工对于钛合金在航空结构件中应用的制约,钛合金在飞机结构件中的用量不断提高[12],如图 1-5 所示。

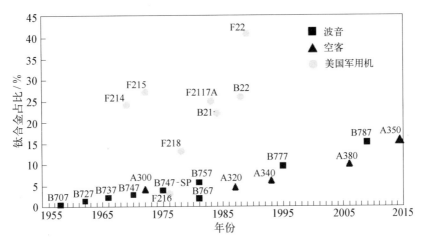

图 1-5 航空钛合金在飞机中的应用发展趋势

按照其退火组织的不同,钛合金一般可分为三大类:α 钛合金、β 钛合金和 α+β 钛合金。按照钛合金的 Mo 当量,还可以把 α+β 钛合金再进一步细分为近 α 钛合金、α+β 钛合金和近 β 钛合金三类,如图 1-6 所示。

目前,航空用钛合金主要以 α+β 钛合金、近 β 钛合金和 β 钛合金为主。美国第

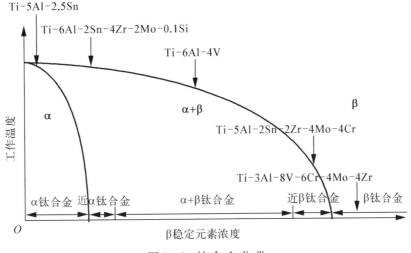

图 1-6 钛合金分类

四代战斗机 F‐22 钛合金用量高达整机重量的 $41\%^{[13]}$，空客 A380 客机钛合金用量达到整机重量的 10%，采用了 Ti6Al4V 全钛发动机挂架，机翼和吊舱接头采用强度高达 1 200 MPa 的近 β 型高强高韧钛合金 Ti5Al5V5Mo3Cr1Zr，起落架采用 β 型钛合金 Ti10V2Fe3Al[14]。

1.2.3 复合材料

轻量化、高比强度、高比模量、性能可剪裁、耐腐蚀、耐辐射等优势让碳纤维增强树脂基复合材料(carbon fiber reinforced polymer, CFRP)成为最具代表性的一种先进树脂基复合材料[15, 16]，自 20 世纪 70 年代开始应用于航空领域。随着全球航空业的快速发展，无论是强调飞行性能的军机，还是强调安全、经济、环保、舒适的民机，更轻、更强的复合材料化飞机结构已经成为大势所趋，在过去几十年里 CFRP 材料快速发展成为航空结构件的主流材料。从小尺寸、小承力的整流罩、扰流板到尾翼级的次承力部件，再到机身、机翼级的主承力大型结构体[17, 19]，CFRP 材料已经逐步替代传统的铝合金、高强钢等金属材料成为主要的航空结构件材料[18, 20]，已经成为航空结构材料的主要发展方向。CFRP 具有金属材料无可比拟的性能优势，如图 1‐7 所示。

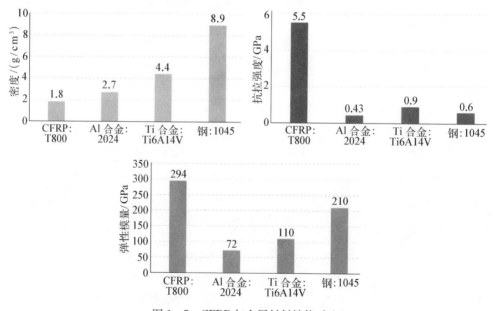

图 1‐7 CFRP 与金属材料性能对比

如图 1‐8 所示，空客公司 A310 飞机第一次在襟翼盒上应用复合材料，A320 是投产的第一架全复合材料尾翼飞机，A340/500‐600 则采用了全复合材料龙骨梁，A380 第一次将复合材料应用于飞机中央翼盒，总重 8.8 t 的中央翼盒中 5.3 t 是复合材料，与铝合金相比减重 1.5 t[21, 22]。复合材料在 A380 飞机结构件中的广泛应用如图 1‐9 所示，使 A380 比使用传统材料尺寸相似的飞机减轻了 15 t，A380

每座油耗和每座运行成本与 B747-400 相比,降低了 17%。

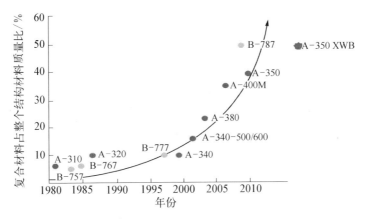

图 1-8　波音和空客公司飞机复合材料发展历程

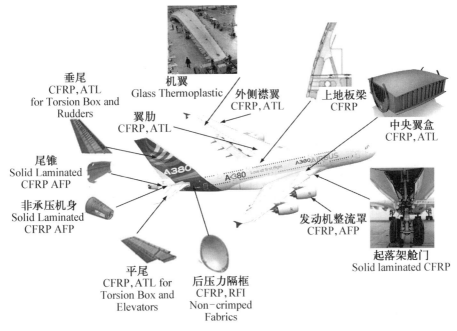

图 1-9　复合材料在 A380 飞机结构件中的应用

　　2011 年 9 月,美国波音公司的梦想客机 B787 交付使用,其复合材料的用量达到了 50%,是世界上第一架采用了复合材料机翼和机身的大型客机,其应用水平远远超过此前的 B777 和 A380,被世界公认为复合材料发展史上一个重要的里程碑[17,23]。2013 年 6 月第 50 届巴黎航展上空客公司 A350XWB 双发远程宽体客机首飞成功,其达到 53% 的复合材料用量超过了波音梦想客机 B787,成为世界上复合材料用量最大的大型民用客机,并与 B787 一起以机身和机翼均实现复合材料化

图 1-10　B787 复合材料桶状机身段部件

这一标志性进展而成为目前世界上最先进的大型民用客机。在 B787 和 A350 等最先进的民用飞机上，复合材料的用量已经超过金属材料成为最主要的航空结构材料。使用复合材料整体结构件替代铝合金，可以大量减少零部件数量，如图 1-10 所示 B787 桶状机身段部件，采用铝合金需 1 500 张铝板，共 40 000～50 000 个紧固件，而采用复合材料整体结构件，紧固件数量减少了 80%。

除了最常用的碳纤维复合材料外，一些新型复合材料也在飞机构件上获得了应用。在夹层结构方面，A380 采用轻型蜂窝代替了原来使用的芳纶纸蜂窝，应用于腹部整流罩（超过 300 m²）等大尺寸结构件。新型的金属纤维层压板 GLARE 用于 A380 上机身蒙皮，与铝合金相比可减轻重量 15%～30%，如图 1-11 所示。

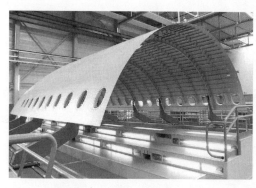

金属
预浸料
金属
预浸料
金属

图 1-11　A380 上机身蒙皮和 GLARE 金属纤维层压板

我国航空工业碳纤维复合材料的发展水平相对较低，与世界先进水平有较大差距，如图 1-12 所示。军机方面相对较好，我国最早在歼-8 和强-5 上开始小规模应用 CFRP 材料，最新研制的第四代战机 J-20 上复合材料的用量为 20% 左右，并从 J-20 开始批量生产复合材料机翼[17]。民机方面则存在较大差距，仍处在适航认证阶段的 ARJ21 支线客机的复合材料用量只有 2%，原计划于 2014 年首飞的国产大飞机 C919 的复合材料用量也仅达到 15%，仍属于尾翼级应用。究其原因，一方面是由于国产高性能碳纤维丝和树脂材料不过关；另一方面则是碳纤维复合材料的应用水平偏低，主要体现在碳纤维复材构件的成型制备技术以及二次加工、连接技术不成熟。在碳纤维复合材料应用技术方面突破瓶颈，实现更大比例、更高水平的复合材料应用，将是我国能否成为航空强国的关键所在。

综上所述，先进航空材料在航空结构件中的应用，大幅减轻了结构重量，提高

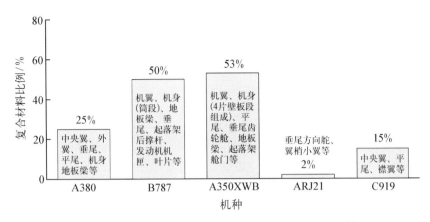

图 1-12 世界先进民机与我国民机复合材料应用比较

了结构强度和损伤容限,增强了抗腐蚀性能,使结构件的服役性能大幅提升。但是,航空先进材料价格高昂,普遍切削加工性较差,造成航空结构件制造工艺性较差,制造周期长,制造成本增加,对航空制造业提出严峻的挑战。

1.3 民用飞机结构件数控加工发展趋势

新型航空材料和先进结构设计制造已成为推动航空产品性能不断发展的关键技术,但是,这些关键技术的采用对于航空制造业提出了巨大的挑战,直接影响航空产品的研发周期、生产效率、制造成本、加工质量和精度[24]。目前,在航空大型整体结构件的生产过程中,缺乏对零件结构特征的科学分析和零件材料切削加工机理的深入研究,缺少精确的物理模型分析、加工工艺参数和刀具路径优化,没有充分发挥先进数控加工中心的作用。在实际生产过程中,只能以选择保守加工参数、损失加工效率来保证加工质量,很大程度上制约了航空制造能力的提升,直接影响了新一代航空产品研发。因此,国内外航空制造企业和相关学者一直致力于航空整体结构件高效加工研究,数值仿真技术特别是有限元建模方法已普遍应用于航空整体结构件变形预测和航空新型材料切削机理的研究。可以减少实验研究带来的材料和时间的损耗,降低技术研发成本。虽然,近年来计算机技术已经取得了快速发展,但是计算精度和运算速度仍然制约了有限元建模方法在生产实际中的应用,而且由于有限元模型对切削加工刀具和零件结构进行了大幅简化,使计算结果与生产实际存在较大误差。航空整体结构件具有复杂的系统动态性能,而且在加工过程中,零件的刚性随着材料的去除不断变化,这种动态刚性结构也会增加有限元建模的难度。因此,必须建立精确的切削加工物理模型快速预测加工过程中所产生的切削力、消耗功率和切削加工稳定性,系统、全面地研究在机床性能和零件设计精度约束下的航空整体结构件的高效精密加工技术,为生产现场提供科学可靠的理论指导。

从 20 世纪 60 年代至今,我国的航空制造业通过自主研发和转包生产获得了快速发展,但与航空制造业发达国家——美国、法国、德国等相比仍然存在较大差距,主要体现在航空整体结构件加工效率、加工自动化程度、加工变形控制和加工精度等方面。

1.3.1　国外技术发展趋势

以欧美国家为代表的国外航空制造业起步早,技术成熟,一直引领航空制造业的发展方向。近年来,随着民用航空市场的快速发展,以波音和空客为代表的民用客机主要生产商通过引入新型材料和先进结构设计不断缩短新型客机的研发周期,同时发展先进制造技术不断提升生产率,垄断全球的民用航空市场。如图 1-13 所示,由于民用航空市场的巨大需求,从 2003 年至 2009 年,空客和波音公司不断提高飞机生产率,飞机交付用户量不断增加。波音公司预测未来 12～15 年将会有 27 000 架运输机和大型客机投入使用,并宣布到 2011 年 B777 月产量由 5 架升至 7 架,到 2012 年 B747 月产量由 1.5 架升至 2 架。空客公司也宣布 2010 年 12 月 A320 年产量 34 架升至 36 架,2010 年 A380 年产量实现翻番达到 20 架。因此,高效加工技术作为实现产品生产率提升的重要途径,一直备受航空制造企业的高度重视。

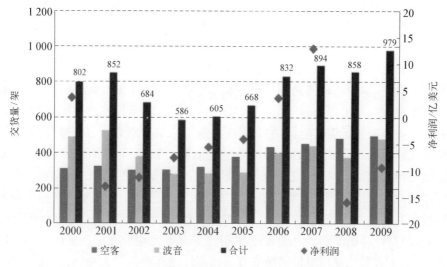

图 1-13　波音公司和空客公司飞机交货量和净利润发展历程

目前,国外航空整体结构件普遍采用数控加工技术,先进的大型龙门多主轴五坐标数控加工中心成为大型航空整体结构件的主要加工设备。波音公司在 Wichita 军机制造分部配有法国 Forest Line 公司 43 m×3 m×2 m 高架三龙门五坐标 Minumac 30TH 数控铣床,负责贝尔直升机结构件制造的 Remele 公司配有六台主轴功率 40 kW、转速 40 000 r/min 的 Forest Line 公司的高速五坐标数控龙门铣床[25]。为充分发挥先进数加工设备的性能，国外企业一直致力于搭建柔性自动化加工系统，使先进的数控加工设备和柔性工装系统相结合，实现航空大型整体结构件的高效加工。空客公司英国布劳顿工厂在大型卧式加工中心上采用德国亚琛工业大学设计制造的液压柔性工装系统完成飞机机翼桁条数控加工，实现加工过程中零件毛坯和已加工零件的自动快速装卸，夹紧力稳定可控，具有自动翻身液压机构，一次装夹可完成整个零件两面加工，大幅减少了数控加工辅助时间，提高了生产效率和加工质量。

国外航空制造企业一直重视数控加工刀具与先进数控加工设备的适配性，针对先进航空材料的切削加工性和航空整体结构件结构特征开发相应的专用数控刀具，并采用相适应的高效加工工艺。高速加工技术是航空整体结构件主要加工工艺。Remele 公司采用转速高达 40 000 r/min 的 Forest Line 公司的高速五坐标数控龙门铣床，可实现壁厚 0.76 mm 零件的加工。波音公司针对钛合金整体结构件高效加工开发了一系列的专用刀具，针对航空整体框类钛合金结构件多型腔的特征，研制了专用四刃插铣刀，实现型腔高效粗加工；针对钛合金整体结构件侧壁精加工，研制了专用 20 刃整体硬质合金立铣刀［见图 1-14(a)］，铣刀直径 25 cm，切削速度达 120 m/min，可以实现进给速度 2 300 mm/min。波音公司在美国圣路易斯的制造技术研究中心，通过针对钛合金零件高效加工进行系统研究，如图 1-14 (b)所示的总长为 3 300 mm 的钛合金整体结构件，波音公司该零件供应商加工需耗时 70 h，而该研究中心完成零件加工仅需 8 h，加工效率提高 90%。波音公司联合英国谢菲尔德大学共建先进制造研究中心（AMRC），专门研究航空制造先进技术，特别是航空整体结构件的高效加工技术，以及航空用难加工材料的专用刀具研发，提升航空整体结构件加工效率。丹麦成立了丹麦先进制造研究中心（DAMRC），形成与波音公司、AMRC 合作的联盟体，进军高端制造技术市场，使丹麦制造业在全球更具竞争力。

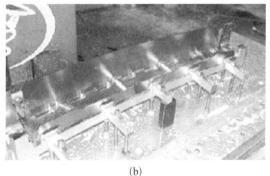

(a)　　　　　　　　　　　　　　　　(b)

图 1-14　波音公司钛合金高效切削加工技术

(a) 钛合金加工专用工具　(b) 钛合金整体结构件

国外航空制造企业一直致力于先进制造技术的研发,不断提升制造水平,将航空整体结构件的高效加工技术作为企业的核心竞争力,保证其在航空制造技术上的领先地位。国外航空制造企业通过大力投入技术研究,实现生产和技术研发紧密结合,使先进制造技术在短时间内应用于生产实践,转化为生产力,为我国航空制造企业技术发展提供了重要的示范作用和发展方向。

1.3.2 国内技术发展趋势

我国航空制造技术水平经过50多年的快速发展,已经取得了重大成就。但是,国内主要的航空制造企业还不同程度地存在着"重装备、轻工艺、轻刀具、低效率、低层次"的现象。我国航空制造企业普遍引进国外 MAG、Forest Line 等公司先进的大型数控加工设备,但是缺乏配套的先进工艺技术作为支撑,造成我国多数高档数控加工中心未能充分发挥作用,设备利用率较低,设备使用效果比预期大大降低[26]。在装夹系统上,我国普遍采用机械式夹紧技术和真空夹紧平台技术,自动化程度低,人为因素影响大,装卸时间长,造成机床长时间停机。

另外,我国航空制造企业对刀具研发较少,由于缺乏相关领域的专业人才和技术支持,企业较少采用专用的、复合的高性能加工刀具,普遍采用标准化刀具进行数控加工。目前针对航空整体结构件的结构特征,缺乏科学合理的方法指导工艺路线的制订和加工参数的选用,与先进数控加工设备配套的加工工艺发展缓慢。保守的加工工艺造成生产效率低;不合理的加工参数造成加工工艺不稳定,切削颤振严重,加工质量低,后续钳工工作量大,零件制造周期长。低生产效率直接制约了我国航空制造企业的产品竞争力,成为我国航空制造技术发展的瓶颈。

总体来说,目前我国航空制造技术和国外先进水平相比还有较大差距[27],生产效率低,单件生产成本高,高档数控加工设备未能充分利用,缺少成套高效加工工艺技术,无法对实际生产提出科学实用的技术指导,零件加工精度差,变形大。我国航空制造技术研发投入明显不足,航空制造企业一般采取边生产、边研发的方式进行新工艺和新刀具的开发,缺乏专业系统的研究部门进行针对性的研究。因此,要提升我国航空制造水平,特别是航空整体结构件的高效加工技术,必须对航空用难加工材料的切削性能进行系统研究,开发专用的高性能刀具,充分发挥现有数控加工设备潜能;针对航空整体结构件结构特征进行工艺优化,提高加工效率和产品质量;必须尽快研究航空整体结构件高效加工工艺,形成成套工艺规范,建立航空整体结构件高效加工数据信息平台,推动航空整体结构件高效加工核心技术的广泛应用,这样才能不断提高航空产品的竞争力,在未来国际竞争中占据有利地位。

1.4 小结

航空制造技术是国际科技和产业竞争的制高点,将随着航空工业的持续繁荣而保持高速发展,波音公司坦承:"波音未来的重点将集中在如何提高生产率方面,这是比夺回订单霸主更重要的任务。"预计到 2020 年我国需新增干线客机约 1 600 架,总价值 1 500 亿～1 800 亿美元,到 2030 年,更新和新增干线客机市场量约为 3 770 架,再加上支线客机和民用运输机,总价值为 3 500 亿～4 000 亿美元。截至 2014 年,我国自主研发的支线客机 ARJ21 已获得 17 家客户 278 架意向订单,大型 客机 C919 已获得 17 家用户 430 架意向订单。ARJ21 - 700 型支线客机已于 2014 年成功取得型号合格证,C919 大型客机也即将完成首飞,两款自主研发飞机将逐渐 进入批量生产阶段,飞机结构件高效精密数控加工直接决定飞机生产效率是否能 满足订单需求,能否按时高品质交付客户。

可见,民用飞机结构件高效精密数控加工将成为衡量未来航空制造业水平的 重要标准。未来民用飞机结构件将不断沿着轻量化、整体化、大型化的方向发展, 而民用飞机结构件材料将向高强、高韧、高可靠性、低密度的方向发展,因此,航空 制造业技术不断接受新的挑战。未来二十年是我国航空制造业前所未有的发展机 遇期。在我国大型客机项目开展的巨大机遇下,提高航空制造业水平成为我国航 空产业核心竞争力的体现,系统科学地研究大型航空整体结构件的高效加工技术 是航空制造业的关键核心技术之一,对促进我国制造业技术水平的发展具有重要 的战略意义。

参考文献

[1] 温家宝. 让中国的大飞机翱翔蓝天[J]. 国防科技工业,2008(5):40 - 45.

[2] 林左鸣. 现代世界航空工业发展特点及启示[J]. 国防科技工业,2006(7):10 - 21.

[3] 查治中,杨彭基. 数控技术在飞机制造中的应用[M]. 北京:国防工业出版社,1992.

[4] 顾诵芬,张仲林. 航空航天科学技术(航空卷)[M]. 济南:山东教育出版社,1998.

[5] 姜澄宇,王俊彪. 我国大型飞机研制中的关键制造技术[J]. 航空制造技术,2009(1): 28 - 31.

[6] 杨建勇,汤立民,楚王伟. 大型航空结构件精确制造技术研究及应用[J]. 航空精密制造技 术,2009,45(2):32 - 33.

[7] 韩雄,汤立民. 大型航空结构件数控加工装备与先进加工技术[J]. 航空制造技术,2009 (1):44 - 47.

[8] 王炎. 飞机整体结构件数控加工技术应用中的问题与对策[J]. 航空制造工程,1998(4): 28 - 30.

[9] Williams J C, Jr E A S. Progress in structural materials for aerospace systems[J]. Acta Materialia, 2003, 51(19):5775 - 5799.

[10] Boselli J. Aluminum solutions for aerospace of today and tomorrow[R]. Centre des Congrèsdu Sheraton de Laval,18 October, 2007.

[11] Pora J. A380 结构的先进材料和技术——未来发展的技术平台[J]. 航空维修与工程, 2003(6):50 - 52.

[12] Williams J. Alternate materials choices-some challenges to the increased use of Ti alloys [J]. Materials Science and Engineering A,1999,263(2):107 - 111.

［13］ Boyer R. An overview on the use of titanium in the aerospace industry［J］. Materials Science and Engineering：A，1996，213(1-2)：103-114.

［14］ 鲁隽. 用先进结构和材料精心打造 A380［J］. 国际航空，2004(1)：41-42.

［15］ 叶列平，冯鹏. FRP 在工程结构中的应用与发展［J］. 土木工程学报，2006，39(3)：24-36.

［16］ 王荣国，武卫莉，谷万里. 复合材料概论［M］. 哈尔滨：哈尔滨工业大学出版社，1999.

［17］ 陈绍杰. 复合材料技术与大型飞机［J］. 航空学报，2008，29(3)：605-610.

［18］ 益小苏，杜善义，张立同. 复合材料手册［M］. 北京：化学工业出版社，2009.

［19］ 陈绍杰. 论我国先进复合材料产事业的发展［J］. 高科技纤维与应用，2013，38(1)：1-11.

［20］ 官焕华. 复合材料的加工工艺与连接技术［J］. 宇航材料工艺，1998(4)：28-31.

［21］ 杜善义. 先进复合材料与航空航天［J］. 复合材料学报，2007，24(1)：1-12.

［22］ Soutis C. Fibre reinforced composites in aircraft construction［J］. Progress in Aerospace Sciences，2005，41(2)：143-151.

［23］ 范玉青，张丽华. 超大型复合材料机体部件应用技术的新进展——飞机制造技术的新跨越［J］. 航空学报，2009，30(3)：534-543.

［24］ 付秀丽，艾兴，张松，等. 航空整体结构件的高速切削加工［J］. 工具技术，2006，40(3)：80-83.

［25］ 邓朝晖，刘战强，张晓红. 高速高效加工领域科学技术发展研究［J］. 机械工程学报，2010，46(23)：106-120.

［26］ 刘国强. 加工中心开动率调查分析［J］. 现代制造工程，2004(7)：32-33.

［27］ 郭恩明. 我国航空制造技术的现状及发展趋势［J］. 航空制造技术，2002(1)：27-29.

2 民用飞机结构件数控加工机床

飞机结构件是飞机的主要受力部件,零件外形与飞机的气动外形相关,周边轮廓与其他零件具有复杂的装配协调关系,槽腔、薄壁、筋、肋及高精度孔等是其主要的结构特征[1],大量的空间复杂曲面需要五轴联动数控加工,因此,飞机结构件数控加工装备的基本需求是高精度五轴联动。以高精度五轴联动加工为特点的航空制造业,既是高端制造业技术水平的标志,又是一个国家高档数控创新与发展的策源地[2]。因此,各国竞相在航空制造业方面展开竞争,各国数控设备、数控系统、数控刀具等企业均针对航空制造业的需求提出了专用解决方案和发展规划。我国2009年开始实施的"高档数控机床与基础制造装备"国家科技重大专项也把航空制造业作为重点支持对象,以推进国产高档数控机床在航空制造业的生产应用,实现关键制造装备的自主研发、生产和供给。随着飞机结构件结构向整体化、大型化发展,材料向多元化、难加工方向发展,数控加工向高效精密方向发展,对数控加工机床提出了更高的要求和挑战[3]。

2.1 大型高速高精度龙门加工中心

高速加工技术目前已广泛应用于飞机铝合金结构件的高效高精加工,为响应高速加工技术的广泛应用,各机床厂商一直把高速高精度数控加工中心作为占领飞机结构件制造领域的核心产品。

2.1.1 高速高精度龙门加工中心

要实现飞机大型整体结构件五轴联动复杂曲面的高精度加工,必须在大型龙门机床上进行[4],而该类机床的行程一般为 2 500 mm×6 000 mm。为实现大型机床高精度五轴加工,目前已经开始采用空间定位精度来表示机床精度。如 DST 公司提供给洛马公司用于 JSF/F35 项目的 FOGS 系列高精度五轴数控龙门铣床的空间定位精度为 1.6 $\mu m/m^3$。大型高精度数控机床的关键技术主要集中在几何精度补偿、空间精度快速补偿及热变形控制等方面。为此,西门子公司的 SINUMERIK 840D sl 推出了 VCS(volumetric compensation system)通过数控系统参数实现对 21 项几何误差的补偿以获得更高的几何精度;DST 公司在 VCS 的基础上开发了 KMS 补偿系统,不仅能够完成单轴线性和旋转 6 项误差与垂直度误差的补偿,还能对旋转轴和刀具长度进行手动补偿，通过4球测量、空间对角线测量等实现机床空间误差的快速补偿；在热误差控制方面，通过空调系统对机床各部件的温度进行实时控制，以减少热误差对机床精度产生影响。

2.1.2 并行加工中心

为不断提高加工效率，采用并行加工机床，如多轴设备中心以及多轴加工单元等成为大批量飞机结构件生产的重要技术[5]。这类机床的用途非常广泛，在新机研制阶段，对于结构尺寸大的零件，可以采用多轴并行加工的方式，每个主轴只加工零件的固定区域，这样使得零件的加工周期显著缩短。在零件批产阶段，可以使用带有镜像功能的机床加工完全镜像的零件，或者使用多主轴平行加工的方式一次加工多件相同的零件。并行加工机床自问世以来就得到了广大航空制造企业和工程技术人员的高度关注，在2013年欧洲机床展上，多家世界知名机床厂商展出了多种并行加工机床，如日本森精机公司(MORI SEIKI)首次展出概念机型i50型加工中心，德国巨浪公司(Chiron)展出四主轴立式加工中心，瑞士斯达拉格集团(Starrag)宝美公司(Bumotec)展出S100型四面加工单元，德国Krause & Mauser公司展出多主轴加工工作站等。可以预见，在未来相当长的一段时间内，并行机床将在国际高档数控机床领域占有一席之地。

如图2-1所示，美国辛辛那提(CINCINNATI)公司生产的5A3P龙门铣削数控加工中心具有3个五轴联动的动力头并行加工，床身27 m，应用于B737平尾梁缘条零件批量生产，可同时完成三个相同零件的加工，具有较高的效率。

图2-1 5A3P龙门铣削数控加工中心

2.2　大功率难加工材料加工中心

　　飞机整体结构零件一个显著特点就是材料利用率非常低,仅占 2%～10%,因此,提高加工效率是飞机结构件加工必须解决的问题。以高转速、高进给为特点的高速加工机床有效解决了铝合金整体结构件的高效加工问题;钛合金材料在飞机零件中的占比越来越大,较差的相对切削加工性导致加工效率极低,因此如何实现钛合金高效加工,提高其加工效率是数控机床行业与航空制造企业共同面临的难题。目前,瑞士斯特拉格(Starrag)、德国 DST(Dörries Scharmann Technologie)、美国英格索尔(Ingersoll)、意大利 MCM 等公司对此进行了大量的研究,均选择了钛合金卧式加工的解决方案,静压导轨、铸铁床身、大扭矩机械主轴以及可更换的大扭矩叉式铣头、直铣头等构成了新型的钛合金高效加工机床,预计其粗加工效率提高 60%、精加工效率提高 600%。机床加工能力的提高对钛合金加工刀具和工艺技术将提出新的要求,如图 2-2 所示。

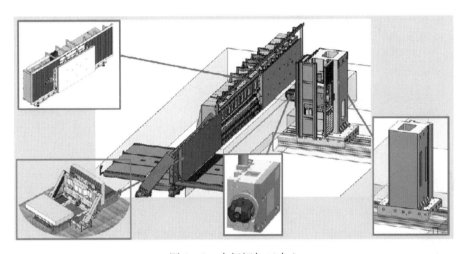

图 2-2　大扭矩加工中心

　　现代飞机的设计越来越倾向于在飞机的“骨架”(主承力结构件)部分采用高强度钛合金、高强度钢等材料,而在非承力部分采用更轻的材料,以此来减轻飞机的重量,提升飞机的综合性能[6]。但是,高强度钛合金、高强度钢等材料非常不利于加工,并且这些主承力结构件大多采用整体设计,结构尺寸很大,钛合金整体框的投影面积可达到 5.02 m²,长 3.62 m。当前,这些材料的加工效率都非常低下,以钛合金为例,目前国内的加工线速度大约在 50～100 m/min,最高不超过 200 m/min,与铝合金的加工效率相差了一个数量级。按现在的技术水平,这类零件仅数控加工周期就长达 2～3 个月,已成为制约飞机的研制及交付周期的瓶颈。

　　众所周知,影响钛合金、高强度钢等难加工材料切削性能的主要因素是切削力,影响钛合金、高强度钢等难加工材料加工效率最主要的因素是机床的输出扭矩目前国内用于钛合金加工机床的输出扭矩一般在 1 000 N・m 以下,最新的设备可以达到 2 000 N・m 左右。因此,解决难加工材料的加工效率问题,缩短飞机研制周期和交付周期,设计和使用更大扭矩的机床是未来加工难加工材料的重要发展方向[7]。

2.3　虚拟主轴加工中心

新一代飞机高性能、高质量、短周期和低成本的研制要求,对制造技术尤其是结构件数控加工技术的发展提出了新的挑战,20 世纪末,为寻求适应飞机结构件的全新工艺方法和机床,德国 DST 公司和空客公司合作开发了一种全新的满足高精度、高刚性、高效率、低成本的加工设备——虚拟轴五坐标高速卧式加工中心[8]。采用虚拟主轴的并联机床刚度重量比大、响应速度快、精度高、效率高,故在数控加工行业得到越来越多的关注[9]。

2.3.1　虚拟主轴机床及特点

作为并联机器人技术与机床结构技术相结合的产物,虚拟主轴机床又称为并联机床(KPM),其原理是在并联机构的动平台上安装主轴头,动平台带动主轴头实

图 2-3　并联机床结构

现多轴联动[10](见图 2-3)。并联机床与传统数控机床将形成很强的优势互补,尤其在复杂曲面精密加工上具有十分广阔的应用前景,其结构刚性、精度优越性十分显著,而且还能保证结构的灵活性和开放工作区域,是目前国际上并联机器人和先进制造领域的一个研究热点[11]。

并联机床主要具有以下特点[12]:

1)敏捷加工

传统三轴加工常遇到工件坐标系的参照点有时在工件内部,有时与工件的中心线不一致,因此使工件坐标系与机床坐标系统一非常耗时。传统的解决方案是使用非常昂贵且不灵活的伺服控制夹具,或通过使用高级的离线测量设备手工调整每个工件。并联机床可以轻松地使用激光或传统测头并结合五轴机床极高的加速度和快速运动的性能,在加工前能够在几秒钟内飞快地测完工件,获取需要分析的所有指标,相应地调整相关程序即可。

2)一次装夹加工

传统三轴加工的另外一个问题是加工工件的 6 个面,至少需要 2 个夹具,有时用 3 个夹具。这种加工技术要求多次工件装夹,这会带来装夹误差累积以及工件质量稳定性控制问题。另外设计制造不同夹具会带来高昂成本。并联机床可以让主轴始终真正地指向一点向后退刀,这种独特的性能使得并联机床从理论上能够

在一次装夹内便可加工工件的所有面。如果此技术再用上述测头的话,就可以使用低成本的夹具,无须重复性或固定精度,只要稳定性和刚性好就行,那么公差累加的所有问题也随之消失,工件的质量稳定性也会增加。

3) 复合角度加工

飞机结构中对复合角度和圆插补的复杂面加工需求与日俱增,如果用传统的龙门型机床,加工中它随身带着很大重量,由于五个笨重的轴需要不断再定位,通常出现路径跟随问题或生产率问题。对于并联机床来说其高度的动态特性能够满足所有复杂面加工。

4) 多重路径混合

三轴传统加工中一个老问题就是加工完美的纯平表面。如果采用多重路径加工,要求机床的刚性和精度非常好,即使条件满足,实际上几乎也不可能避免出现路径之间的接刀痕。用传统机床主要有两种途径来解决这个问题:一是使用运动轨迹可覆盖整个表面的刀具,但需要机床马力更大和稳定性更好;二是将主轴在迎角位置上倾斜几度,让所有的路径按同一方向切削,但是非常耗时。像前面提到过的,并联机床不管其主轴与工件表面是否垂直,很容易用一个确定的迎角给并联机床进行预编程,在加工表面时就让机床用这个角度。

2.3.2　并联机床工作原理和关键参数

以德国 DST 公司 Ecospeed 系列高速主轴并联机床(见图 2-4)为例,设备由床身、立柱、龙门框、可交换工作台、万向高速主轴、刀库和控制系统等部分组成。机床采用专利设计 SPRINT Z3 虚拟主轴头,该主轴头包含在立柱内,可实现 Y、Z、A 及 B 轴的运动;而 X 轴的移动通过工作台运动实现,同时工作台的交换由 2 个可以旋转 $90°$ 的四工位工作台交换站完成。

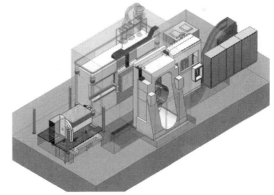

图 2-4　德国 DST 公司的高速主轴并联机床

主要技术参数如下:

(1) X 轴最大行程:1 600 mm;Y 轴最大行程:2 500 mm;Z 轴最大行程:670 mm/370 mm(主轴±40°时)。

(2) A 轴摆角行程:±40°,B 轴摆角行程:±40°。

(3) 工作台尺寸:1 200 mm×1 200 mm;工作台交换时间:10 s。

(4) 主轴最高转速:30 000 r/min;快速移动速度:50 m/min;加速度:9.81 m/s²。

(5) 刀柄形式:HSK63A/80;刀库容量:64 把。

(6) 主轴额定功率:80 kW;主轴最大扭矩:46 N·m。

　　该系列加工中心的主要特点是采用了突破性的 SPRINT Z3 型高速万向主轴，主轴摆动速度达到 $80°/s$，加速度达到 $685°/s^2$，远高于普通的串联机床，在航空铝合金结构件生产中金属去除率可达 $7\,000\ cm^3/min$，无疑代表着当今航空结构件高速加工的最高水平。该主轴利用三杆并联机构，可以同时完成主轴头的直线和旋转运动。其工作原理为：在主轴外框的内壁上有 $120°$ 均匀分布的轴向线性导轨，伺服电动机驱动导轨上的滑板前后移动，滑板通过板状连杆和万向铰链与主轴部件的壳体相连。如果 3 块滑板同步运动，则主轴部件做 Z 方向的前后直线移动；如果 3 块滑板不同步运动，就可以通过万向铰链使主轴部件沿 A 或 B 坐标在 $\pm40°$ 范围内任意摆动。传统主轴头的 A/C、A/B 摆角加工有许多弊端，如空间窄小，在很小的空间内要布置相应的机械传动和水、电、气的供应接口；采用摩擦离合器等构件刚性差、易磨损，特别是 A/C、A/B 摆动的加速度很低。SPRINT Z3 主轴克服了这些弊端，最大的特点是刚性好、功率大（80 kW），摆动轴的加速度可达 $1g$，因此对速度的响应特别快，运动更加平稳，更适应连续角度变化的曲面加工。

2.3.3　航空结构件加工应用

　　在航空航天领域里最著名的用于加工和装配的并联机床系统来自西班牙的 Loxin 公司，此系统并联机床，卧式安装在翼型或框体夹具两侧，每侧 2 台（见图 2-5），可以实现飞机大型整体结构件自动化装配。

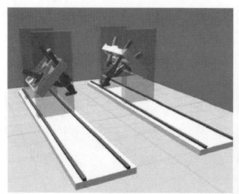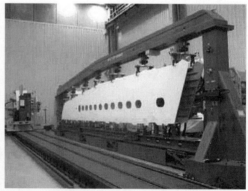

图 2-5　西班牙 Loxin 公司虚拟主轴卧式加工中心

　　INGERSOLL 公司生产的 H22-3R 卧式机床采用了 OMLAT 的高速电主轴，主轴最高转速 10 000 r/min、最大扭矩 830 N·m，在 1 000 r/min 时扭矩可保持在 400 N·m，在 3 000 r/min 时功率为 45 kW、扭矩仍超过 150 N·m，为钛合金高效加工提供了良好的硬件基础。

　　随着飞机研制周期的越来越短，未来超高速的虚拟轴机床将会发挥越来越重要的作用[13]。并联机床在我国航空工业中的应用处于起步阶段，还有很多技术没有掌握，设备效率还不能得到高效发挥；此外，进口并联机床价格昂贵，而国产设备质量不过关。无论是设备制造，还是配套技术攻关，仍需进一步研究。

2.4　蜂窝材料超声加工机床

高速数控加工是蜂窝型面的主要加工方法，蜂窝芯结构零件的传统高速加工方法沿用传统的金属切削思路，通过刀具的高速旋转去除材料[14]。除此之外，传统高速数控加工机床还需配置集油防渗装置和吸尘集尘装置，集油防渗装置可有效地避免油滴污染工件，而吸尘集尘装置可有效地收集90%以上复合材料切屑和粉尘，而且五轴设备的吸尘装置应能根据工件和刀具的不同状况实现自动更换和手动调节，以保证实时有效地收集主轴和主轴头周围的粉尘切屑。上述两个装置配合 Nomex 蜂窝芯材料零件加工的刀具和工艺方法，就具备了 Nomex 蜂窝夹芯结构零件的加工能力。图 2-6 为中航集团哈飞加工厂用来加工蜂窝材料的 FZ30 五轴联动数控机床。目前，成都飞机工业（集团）有限责任公司针对纸蜂窝芯零件的成型是采用高速铣削的方法，加工机床是 MAG 集团中 CINCINNATI 生产的五坐标高速数控铣床，机床工作平台的尺寸为 2 150 mm×6 655 mm，主轴功率为13 kW，如图 2-7 所示。

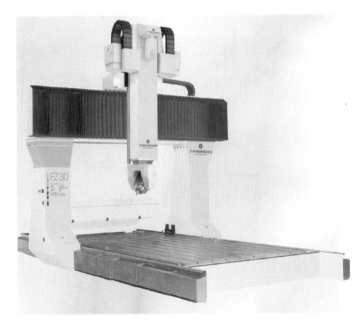

图 2-6　FZ30 五轴联动数控机床

目前，用于加工芳纶纸蜂窝芯的超声波机床，已在国内外得到广泛的应用。如图 2-8 所示为 DMG 公司生产的 ULTRASONIC 260 composite 机床，该机床的主要原理是以超声振动辅助切割方式来加工蜂窝芯，工程应用结果表明，用于加工芳纶纸蜂窝芯的超声波机床能显著改善加工环境，提高加工效率和产品质量。目前，

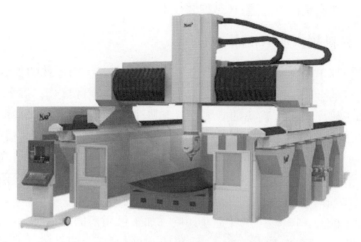

图 2 - 7　MAG 集团的五坐标高速数控铣床

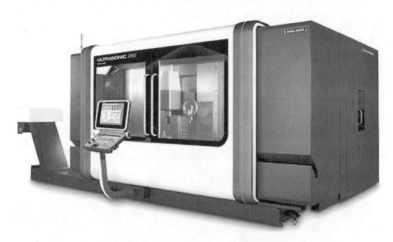

图 2 - 8　DMG 公司 ULTRASONIC 260 composite 机床

国内外一些企业已经把超声波机床用于碳纤维复合材料的加工。此外,水切割技术、磨料水射流技术等已经开始尝试用于复合材料的加工[15]。随着复合材料在飞机结构件中所占的比重逐渐增大,未来必将出现更多专用的设备用于复合材料加工。

2.5　小结

在欧美发达国家,航空制造企业的高档数控机床基本形成了由本国的一家或几家主要供给的格局,并在数控加工机床方面代表相应的发展方向。如美国波音、洛马等公司的装备供应商主要为 CINCINNATI、INGERSOLL,德国数控机床主要供应商为 DST,法国数控设备主要供应商为 Forest - line。这些机床制造商与机床用户形成了长期的技术合作联盟,密切关注用户需求,针对用户新的需求、采用联合研制的方式进行新产品的研发。通常其新产品的技术鉴定由用户技术人员完成,并根据用户建议进行完善和改进。如 INGERSOLL 公司新开发的 POWERMILL 卧式加工中心,在样机安装完成后由波音公司技术人员在 INGERSOLL 安装现场进行了长达 3 周的测试,给出了详细的测试报告。INGERSOLL 公司根据测试报告完成设计定型,自此波音公司才与 INGERSOLL 签订采购合同[16]。

国外航空装备研发模式值得借鉴,机床企业和用户企业"抱团发展"应该成为我国高档数控机床研发的主要模式[16]:通过与用户企业的合作研发,可以了解和明确用户工艺需求,解决对用户需求不清的问题;用户参与设计和技术方案评审,可以了解用户关注点,解决设计与应用现场脱节的问题;用户参与产品设计、制造、安装等过程,通过用户把关,解决产品质量控制问题;用户对研制产品进行性能检测,可以获取先进检测技术和经验,解决新产品检测标准缺乏的问题;双方技术合作,获取用户市场,解决高档数控机床制造经验缺乏问题。

针对飞机结构零件对数控机床的需求,结合前期我国高档数控机床的研发与应用情况,国产高档数控机床重点应该在量大面广的设备上加大投入,力争在该类设备上取代进口设备。铝合金加工重点为 A/C 摆角结构的高速加工机床,主轴转速 24 000 r/min,主要类型有高架桥式五轴(三轴)高速铣床、龙门立式五轴(三轴)高速加工中心、双工作台卧式五轴(三轴)高速加工中心;钛合金加工重点为 A/B 摆角结构的重载加工机床,机械主轴转速 3 000 r/min,主要类型有龙门移动式五轴(三轴)数控铣床、立柱移动式五轴(三轴)立式加工中心;对铝合金高架桥结构增加防护罩可以进行复合材料加工。上述设备类型目前在国内均有相应产品进行研发,其覆盖面达到飞机结构件加工机床的 80%。

航空结构件的发展趋势对数控机床提出了新的要求,大型高精度机床、高效钛合金加工机床以及自动化数控加工系统引领了目前飞机结构件数控机床的发展方向。国产机床制造商应该结合用户需求和行业发展方向,根据企业自身特点和产品特点,通过与机床用户合作生产来实现国产高档数控机床的生产应用,推进国产装备的产业化进程。

参考文献

[1]　中国航空研究院. 复合材料结构设计手册[M]. 北京:航空工业出版社,2001.

[2]　肖兴志. 中国战略性新兴产业发展研究[M]. 北京:科学出版社,2011.

[3]　刘岸. 高端装备制造之飞机　航空产业领跑高端装备制造[J]. 中国战略新兴产业,2015(3):37-39.

[4]　金志平. 从 CIMT2009 看立式加工中心的发展[J]. 金属加工:冷加工,2009(13):24-26.

[5]　蔡哲民,朱岩. 机床产品并行研发探索与研究[J]. 金属加工:冷加工,2015(6):42-45.

[6]　王哲. 现代飞机结构设计的发展[J]. 航空科学技术,2000(5):37-39.

[7]　夏田. 数控加工中心设计[M]. 北京:化学工业出版社,2006.

［8］ 肖田元,韩向利,王新龙.虚拟制造的定义与关键技术[J].清华大学学报(自然科学版),
1998(10)：102-106.

［9］ 杜宝瑞,刘道庆,李建军,等.并联机床在飞机结构件加工中的应用[J].航空制造技术,
2009(19)：46-48.

［10］ 汪劲松,黄田.并联机床——机床行业面临的机遇与挑战[J].中国机械工程,1999,
10(10)：1103-1107.

［11］ 杨建新,郁鼎文,王立平,等.并联机床研究现状与展望[J].机械设计与制造工程,2002,31
(3)：10-12.

［12］ 于鹏.并联机床的研究[D].成都：四川大学,2002.

［13］ 谭光恒.基于并联技术的民用大飞机数字化装配机床[J].数控机床市场,2010(7)：
66-69.

［14］ 高涛,骆金威,林勇,等.基于超声波机床的蜂窝芯数控加工技术研究[J].机械制造,2013,
51(1)：41-43.

［15］ 陈汶.复合材料的精密切割[J].航空维修与工程,2010(2)：62-63.

［16］ 宋智勇,祝晓军.飞机结构件数控加工机床发展方向及国产化[J].航空制造技术,2013,
437(17)：40-43.

3　民用飞机结构件数控加工刀具

据《中国机床工具工业年鉴(2013)》指出,我国机床和刀具消费量连续5年稳居世界第一[1]。然而,在航空领域难加工零件加工中,高效精密刀具严重依赖进口(80%以上),如图3-1所示。刀具应用缺乏有效数据支撑,数控机床能效仅发挥20%～30%。我国航空航天、能源和汽车制造部门在从工业发达国家大量购进先进的高速数控加工中心时,却由于技术封锁而无法引进切削工艺技术,严重影响先进加工中心的正常应用,造成固有资产的潜在浪费。我国亟须自主研发面向民用飞机结构件的专用高性能刀具。

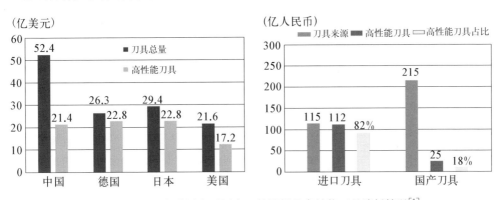

图3-1　2013年世界主要国家刀具消耗及高性能刀具消耗情况[1]

3.1　航空铝合金数控加工刀具

高速切削技术是近年来迅速崛起的一项以高切速、大进给为主要特征的加工工艺,其独特的加工机理和技术优势,如切削力大幅度降低、切削热大部分由切屑带走从而降低切削温度,较高的主轴转速使得刀具的激振频率避开薄壁结构工艺系统的振动频率范围,从而避免切削振动,是航空铝合金整体结构件实现高效精密加工的主要工艺[2]。因此,航空铝合金数控加工刀具必须满足高速切削工艺的需求。

3.1.1　航空铝合金高速加工刀具特点

航空铝合金作为易切削材料,其高速加工刀具具有以下特点:

1) 刀具材料和结构设计

如图 3-2 所示,航空铝合金高速加工普遍采用含钴 6% 的超细晶粒硬质合金材料,可以有效增加刀具耐磨性,提高刀具寿命[3],切削速度可达到 1 000~2 000 m/min。在切削加工系统稳定性较好的条件下,采用 PCD 刀具加工切削速度可达到 2 000~7 000 m/min。目前,航空铝合金加工过程中普遍采用无涂层刀具,随着涂层技术的发展,一些新型涂层也应用于航空铝合金高速加工,Kenna Metal 采用 TiB_2 涂层改善刀具前刀面和切屑的摩擦,减少积屑瘤产生,Sandvik Coromant 推出了用于铝合金加工的 CVD 金刚石涂层刀具[4],可以有效避免前刀面积屑瘤产生。

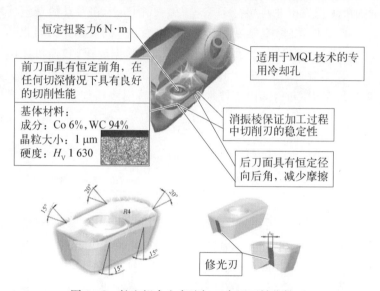

恒定扭紧力 6 N·m

前刀面具有恒定前角,在任何切深情况下具有良好的切削性能

基体材料:
成分：Co 6%，WC 94%
晶粒大小：1 μm
硬度：H_V 1 630

适用于 MQL 技术的专用冷却孔

消振棱保证加工过程中切削刃的稳定性

后刀面具有恒定径向后角,减少摩擦

修光刃

图 3-2 航空铝合金高速加工专用可转位铣刀

刀具结构普遍采用恒定大前角和大后角设计可以减小切削力,保证切屑断屑良好,减少前刀面积屑瘤产生。刀具后刀面修磨消振棱,可以提高加工过程的稳定性,减少切削颤振产生,获得良好的表面质量。整体硬质合金铣刀普遍采用短刃长、缩径的设计方式,以适应高速切削加工小切深加工方式[5]。

2) 刀具动平衡要求

航空铝合金普遍采用高速加工,对刀具动平衡要求很高,一般情况下要求采用热缩刀柄或液压刀柄夹持刀具,或采用高精度夹头夹持刀具,并在加工前进行刀具动平衡测试,以达到刀具动平衡 G2.5 的要求,如图 3-3 所示。

3.1.2 航空铝合金高速加工刀具实例

以航空铝合金整体结构件为例,在选用或设计刀具时,由于粗加工过程追求较大的材料去除率,应选用波纹刃铣刀[见图 3-4(a)],使刀具具有良好的排屑断屑性能,提供切削刃口强度。如果粗加工需要进行深型腔加工,可以选用插铣加工方式提高加工效率[6][见图 3-4(b)]。

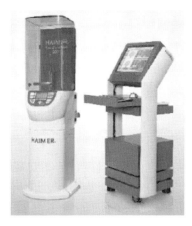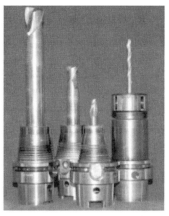

图 3-3 刀具动平衡仪和刀柄

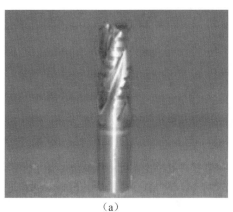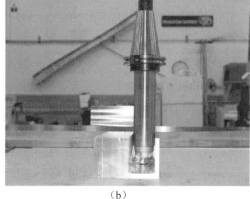

（a） （b）

图 3-4 航空铝合金粗加工波纹刃铣刀和插铣刀具

（a）波纹刃铣刀 （b）插铣刀具

精加工过程需要在保证加工表面质量满足要求的前提下提高加工效率，可以采用五刃不等齿距的整体硬质合金铣刀，如图 3-5 所示，避免在高速加工过程中产生颤振，以获得良好的表面加工质量，实现高效高精度表面铣削加工。

图 3-5 航空铝合金精加工不等齿距铣刀

3.2　钛合金数控加工刀具

钛合金具有优异的综合性能,如密度小,比强度和比断裂韧性高,疲劳强度和抗裂纹扩展能力好,低温韧性良好,抗蚀性能优异,耐热性高。从切削加工方面考虑,钛合金高温强度高、弹性模量低、化学活性高、摩擦系数大、导热性差,刀屑接触面积小,导致刃口单位长度切削力大、切削温度高、加工硬化严重、刀尖应力大、刀具磨损严重、加工精度和表面粗糙度不易保证、表面层质量难以控制、毛刺现象严重、排屑断屑困难等问题,因此钛合金是典型的难加工材料,加工性能比不锈钢要差,比高温合金要好。一般来说,钛合金中的β型钛合金的切削加工性能最差,α+β型钛合金切削加工性能较差,α型钛合金切削加工性能较好[7](见图3-6)。

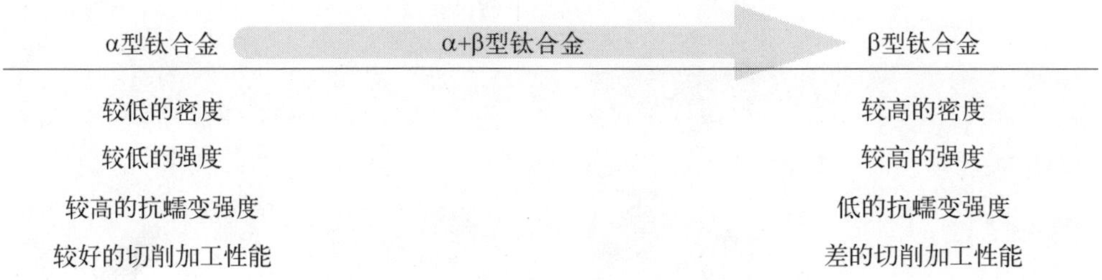

α型钛合金	α+β型钛合金	β型钛合金
较低的密度		较高的密度
较低的强度		较高的强度
较高的抗蠕变强度		低的抗蠕变强度
较好的切削加工性能		差的切削加工性能

图3-6　钛合金切削加工性能及其影响因素

3.2.1　钛合金加工刀具特点

如图3-7所示,钛合金材料性质直接影响刀具设计。

(1)钛合金材料导热系数小、切削温度高,导热系数平均为工业纯钛的一半,比不锈钢、高温合金的导热系数还要低[8]。所以,钛合金在切削过程中,切削热量不能迅速排出,反而集中在切削刃上,切削温度很高。致使刀具切削刃温度大幅度增高,刀具磨损加快,寿命缩短。因此要求加工刀具具有良好的热稳定性和高温强度[9]。

(2)钛合金加工切屑与前刀面的接触长度短,刀尖应力大,刀尖或切削刃容易磨损甚至崩刃。因此要求加工刀具刃口具有良好的强化设计。

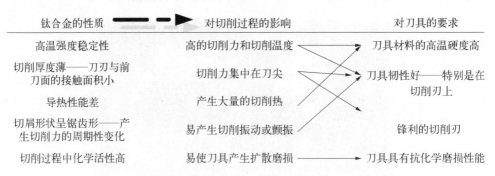

图3-7　钛合金性质对切削加工性能的影响及对刀具的要求

（3）钛合金与刀具摩擦系数大，摩擦速度高，钛合金的切屑变形系数远比其他金属材料小，切屑沿前刀面的摩擦速度高，前刀面摩擦界面温度高，刀具易于产生月牙洼磨损。

（4）钛合金在高温时化学活性高，能与空气中的氢、氧和氮起化学作用，形成脆性层，降低塑性，并且使切屑与前刀面的接触长度减小，使刀具磨损加剧。

（5）弹性模量小，屈强比大，在切削加工时已加工表面产生较大的回弹，使切削时刀具实际后角减小，则后刀面与零件的摩擦将增大，易造成后刀面磨损。

（6）易产生表面变质硬化层。

因此，加工钛合金的理想刀具材料必须同时具备较高的热硬度、良好的韧性和耐磨性，高导热系数和较低的化学活性。当今在生产实际中用来加工钛合金的刀具材料主要有高速钢、硬质合金和 PCD[10]。

（1）高速钢。

加工钛合金必须采用高性能含钴高速钢（HSS－E Co）或高性能粉末冶金高速钢（PM－HSS－E）[11]。由于硬质合金材料脆性大，在粗加工钛合金时容易发生崩刃，因此高速钢铣刀在粗加工钛合金时有独特的优势。W2Mo9Cr4VCo8（美国牌号：M42），含钒量不高（1%），含钴量高（8%），硬度、热硬性、耐磨性及可磨性很好，非常适合制作钛合金粗加工刀具。高性能粉末冶金高速钢具有更加优越的性能，牌号 CPM T15 的粉末冶金高速钢，强度、韧性分别是同化学成分熔炼高速钢的 2 倍。高温热硬度也比熔炼高速钢提高 1HRC。又由于其物理机械性能高度各向同性，淬火变形小。碳化物颗粒均匀分布的表面较大，不易从刀具的切削刃上剥落，小尺寸刀具耐磨性提高 1.5～2 倍，大尺寸刀具提高 20%～30%。

选用高性能含钴高速钢（HSS－E Co）或高性能粉末冶金高速钢（PM－HSS－E）材料，再采用具有可变的前角、后角和螺旋角的 Crest－Kut 波纹形切削刃设计，能制成具有优异的断屑排屑性能的钛合金粗加工刀具，如图 3－8 所示。

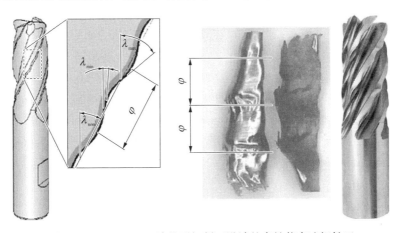

图 3－8　Crest－Kut 波纹形切削刃设计的高性能高速钢铣刀

（2）硬质合金。

硬质合金刀具具有优良的导热性、较高的韧性和红硬性，是加工钛合金应用最为广泛的一种刀具[12]。目前，通常采用钴质量分数为 6%、碳化钨晶粒度为 0.8～1.4 μm 的硬质合金。国内目前主要使用钨钴类硬质合金刀具来切削加工钛合金。常用的有 YG8、YG3、YG6X、YG6A、YGZT、YD15、YA6 等。通常在粗车和断续车削时采用 YG8 刀片，精车和连续车削时用 YG3 刀片，一般加工则用 YG6X 刀片。含钽的硬质合金 YG6A（属于细晶粒钨钴类硬质合金）效果较好，由于加入了少量稀有元素，提高了刀片耐磨性，代替了原有的 YG6X，其抗弯强度、硬度也都比 YG6X 高。

（3）涂层。

钛合金加工一般要求刀具表面耐热涂层处理，如 TiAlN，AlCrN，TiAlSiN 等涂层材料[13]，可以承受工作温度最高 1 100℃，能够在加工钛合金时较好地保护刀具。

3.2.2　钛合金加工刀具实例

1）粗加工刀具

在钛合金型腔和开槽加工过程中，插铣和高进给铣削是应用最多的加工策略。

图 3-9　钛合金粗加工用高进给铣刀

高进给铣刀采用插铣或坡铣方式，刀片装夹方式使切削力主要沿轴向分布，充分利用机床的轴向刚性，获得较好的加工稳定性，如图 3-9 所示。

在钛合金开槽加工或方肩铣削过程中，可以采用玉米铣刀大余量去除材料（见图 3 - 10），Sandvik Coromant CoroMill 690 玉米铣刀，专为钛合金大余量粗加工设计，具有内置高压冷却液通道，能够实现良好的断屑排屑和加工温度控制。

2）精加工刀具

由于钛合金切削温度高，切削速度受到限制，为提高精加工效率，优先选用多刃整体硬质合金刀具。采用五刃不等齿距涂层硬质合金铣刀进行精加工，可以有效避免加工过程中产生自激振动，获得良好的加工表面质量。精加工余量较小，排屑情况良好，为获得更高的加工效率，可以采用超多刃硬质合金刀具，获得较大的进给速度，如图 3-11 所示。

精加工圆角，特别是深型腔圆角时，一般需要加长柄整体硬质合金铣刀，用于插铣或侧铣圆角，如图 3-12 所示。

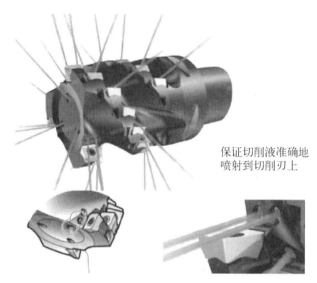

图 3 - 10 Sandvik Coromant CoroMill 690 钛合金专用铣刀

图 3 - 11 20 刃钛合金精加工铣刀　　　图 3 - 12 圆角精加工插铣刀

3.3 复合材料数控加工刀具

3.3.1 碳纤维复合材料制孔刀具

碳纤维复合材料在加工过程中,主要涉及制孔和铣削两种加工方式。由于 CFRP 是由质软而黏性大的基体材料和强度高、硬度大的纤维增强材料混合而成的二相或多相结构材料,其各向异性、低热传导率、低层间结合强度使其成为典型的难加工材料[14]。因此,在 CFRP 制孔过程中,除传统金属材料制孔缺陷(孔的尺寸误差、圆度误差、位置误差和垂直度误差等)外,还有其特有的缺陷,主要表现为钻削分层、入口撕裂与毛刺、孔周表面纤维拔出等[15]。由于纤维硬度高,刀具在切削时极易受到基体中硬质点的刻划而加剧表面磨损,并因摩擦使热量积聚在刀具切削刃附近很窄的区域内,故对刀具磨损作用剧烈。以传统的硬质合金钻头为例,其在钻削 CFRP 时,每个钻头钻削 3~5 个孔,就需要重新磨刃。在飞机制造领域,在最终装配环节,由钻削分层缺陷导致的复合材料层合板零件报废的比例高达 60%。钻削分层和刀具磨损已成为纤维增强复合材料钻削加工中最具挑战性的两大难题[16]。

针对钻头的过快磨损,可以选用更好的刀具材料和刀具涂层来增强钻头的耐磨性。针对钻削分层,一方面,可以通过采用合适的加工方式和加工参数来降低钻削分层缺陷;另一方面,则可以通过专用钻头设计来降低钻削分层缺陷,而后者对于钻削过程具有决定性的影响。

1) 钻头材料与涂层

鉴于 CFRP 的难加工特性,用于其加工的钻头材料必须具有很好的抗磨损性能[17]。一方面,复合材料中的纤维一般都具有高硬度的特性,在钻削过程中充当磨粒的作用,因而,相比于普通金属材料的切削加工,复合材料钻削更易导致钻头的磨损;大量研究证实,在钻削加工纤维增强复合材料中,后刀面的磨粒磨损是钻头最主要的磨损形式。另一方面,磨钝后的切削刃会导致复合材料在钻削过程中的分层、纤维抽出等制孔缺陷迅速增多,并使钻削轴向力增大、钻削温度上升。因此,钻头材料应该选择抗磨损性能较好的高硬度材料,如硬质合金、聚晶金刚石材料等。

图 3-13 给出了在不同切削速度下(进给量 $f = 0.22$ mm/r),采用不同磨损状况的钻头加工 GFRP 时对钻削轴向力的影响。从图中可以看出,在切削速度一定时,钻削轴向力随着刀具磨损量的增大而增大;随着切削速度的提高,刀具的磨损对钻削轴向力的影响越来越显著。Kim 和 Ramulu[18]通过对比试验研究发现,在钻削 CFRP/Ti 叠层材料时,高速钢钻头比硬质合金钻头磨损更快,而且采用高速钢钻头加工时,标准麻花钻与专用钻头差别并不大。

目前,用于加工复合材料的钻头材料主要有高速钢、硬质合金和聚晶金刚石(PCD)三种材料。陶瓷材料因其抗机械和热冲击性能较差不适合用于加工复合材料。高速钢钻头因其耐磨性太差、硬度太低等而很少采用。虽

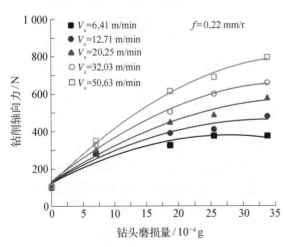

图 3-13　不同切削速度下钻削轴向力与钻头磨损量的关系

然 PCD 钻头具有更高的刀具耐用度,但由于 PCD 材料价格昂贵,限制了其更广泛的应用[19]。相比之下,硬质合金钻头以其硬度高、耐磨性好以及较好的经济性获得了更为广泛的应用。

对于纤维增强复合材料的切削加工,最适合的涂层材料是金刚石涂层材料。一方面,金刚石的高硬度使其具有优于其他任何材料的抗磨料磨损性能。另一方面,金刚石涂层可以获得更加锋利的切削刃,使其对复合材料的加工质量能够稳定在一个非常高的水平[20]。另外,一些涂层供应商的经验显示钴含量在 10% 以下的细晶硬质合金与金刚石的附着效果最好。

2) 钻头类型

钻头类型及其几何参数是纤维增强复合材料钻削加工中需要注意的重要方面。在纤维增强复合材料的钻削加工中,最好采用具有特殊几何参数的专用钻头,例如烛芯钻(candle stick drill bit)、套料钻(core drill bit)以及一些优化几何参数的钻头。

在钻削加工中,影响钻头加工性能的主要几何参数有横刃长度、前角、后角、钻尖顶角和螺旋角等。在所有几何参数中,横刃长度和钻尖顶角对钻削轴向力的影响最大,而钻削轴向力的增大将直接导致钻削分层的发生。

在钻削过程中,保持其他加工参数不变,横刃越长钻削轴向力越大。这是因为在横刃区,切削刃负前角很大而切削速度却很小,使得横刃在钻削时会对复合材料产生较大的挤压作用,如图 3 - 14(a)所示。研究表明,钻削过程中有 60% 的钻削轴向力来自横刃。当钻削轴向力超出复合材料出口层间结合强度时,就会发生出口分层。相对于较钝的钻尖,锋利的钻尖可以在很小的面积上钻穿最后一层复合材料[21]。Gaitonde 等人通过钻削编织 CFRP 板发现,在低速和高速钻削情况下,当钻尖顶角(麻花钻)增大时,分层系数 F_d(描述复合材料层间分层大小的指标)也随之增大[22],如图 3 - 15 所示。

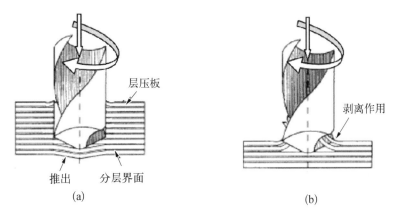

图 3 - 14　分层作用机制

(a) 出口分层现象　(b) 入口剥离现象

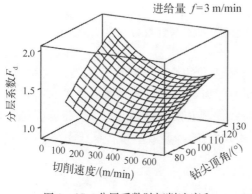

进给量 *f*=3 m/min

图 3-15　分层系数随切削速度和
钻尖顶角的变化关系

另外,剥离现象常发生在钻头钻入复合材料时,如图 3-14(b)所示。在钻头的切削刃接触到 CFRP 层压板时,钻头切削刃会对入口处 CFRP 作用一个向上的轴向拉力,使得入口处的上层材料与受轴向推力的未切削层材料发生剥离,从而形成入口剥离现象。这种入口剥离缺陷会随钻头实际前角的增大而增加。为了减小或消除这种入口剥离缺陷,通常采用较小的钻头前角,一般推荐选用小于 6°前角。

若钻削轴向力能够沿圆周分布,那么出口部位的分层现象将会得到很大的改善。锯钻(saw drill bits)、烛芯钻(candle stick drill bits)、套料钻(core drill bits)和阶梯钻(step drill bits)等专用钻头都符合这一特性,与传统麻花钻相比,采用专用钻头能获得更小的临界推力值(复合材料不发生分层所需的最小钻削轴向力值),图 3-16 给出了麻花钻与几种专用钻头钻削轴向力模型。这些专用钻头的优点在理论与实际应用中都已得到了验证,其钻削轴向力会向钻头圆周分散而不是集中在中心,在不引起分层的情况下可以采用更高的进给速率。

锯钻利用向外围分配推力的方法进行复合材料层压板制孔,当分层尺寸在钻头半径范围内时不需要予以关注,因为分层部位处的材料最终会被钻除掉。当分层尺寸超出钻头半径范围时,在材料上施加圆周力的锯钻,与施加集中力的麻花钻相比,能够保证不引起分层的情况下获得更大的钻削轴向力。

烛芯钻加工时的钻削轴向力可以分解为一个集中的载荷与外围的圆周载荷之和,由于大部分推力载荷分布在钻头外围,因此此类钻头在分层开始时可允许更大的临界推力值。烛芯钻可以看作是介于麻花钻与锯钻的中间类型。只不过烛芯钻的横刃比麻花钻的横刃要短得多,因此它可以从很小的面积上钻穿最后一层板。这样最后一层板所受到的弯曲力较小,从而保证了更好的孔加工质量。

套料钻加工时钻削轴向力均匀地分布在一个环形区域,而不是集中在中心。这样在分层开始时可以获得较大的临界推力值。在套料钻的刀具参数中,金刚石磨粒的粒度是影响钻削轴向力的最重要因素,而钻尖厚度的影响较小。

阶梯钻可以认为是主阶梯和次阶梯复合而成。主阶梯部分减小了对中心材料的去除,特别是抵消了横刃对推力的影响。

图 3-16(f)给出了不同类型钻头的钻削轴向力与进给量的关系曲线,从图中可以看出,当进给量小于 10×10^{-3} mm/r 时,采用烛芯钻可以获得更小的钻削轴向力;而阶梯钻则能在进给量大于 10×10^{-3} mm/r 时获得更小的钻削轴向力。套料钻、锯钻依次增大,而麻花钻相比于其他四种类型的钻头钻削轴向力明显偏大。

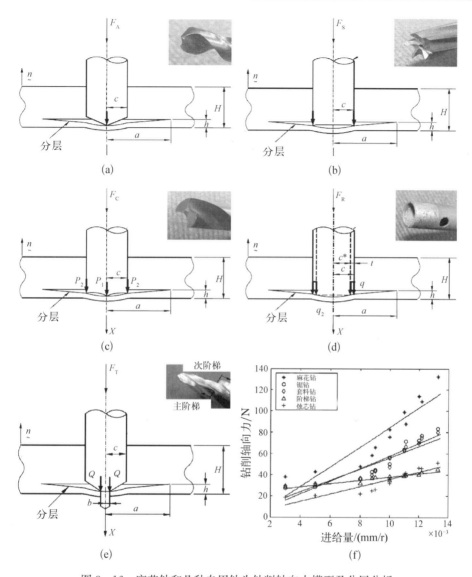

图 3-16 麻花钻和几种专用钻头钻削轴向力模型及分层分析

（a）麻花钻 （b）锯钻 （c）烛芯钻 （d）套料钻 （e）阶梯钻 （f）不同钻头进给量与钻削轴向力的关系

3.3.2 碳纤维复合材料铣削刀具

由于碳纤维对刀具刃口的快速磨损作用，CFRP 切削刀具应具备较好的抵抗摩擦磨损性能。锋利的切削刃口可以快速切断碳纤维，减小分层、毛刺等加工缺陷的发生。良好的抗摩擦磨损性能能够保持刀具锋利切削刃口，而磨钝的切削刃则可能引起大量的分层和毛刺等加工缺陷，导致加工精度下降[23]。在工业生产中，需要根据被加工零件的加工精度和表面加工质量确定刀具磨损标准。因此，抗摩擦磨损性能和锋利的切削刃口是 CFRP 铣削加工刀具所需具备的两大关键性能。

1) 刀具材料

目前,铣削加工 CFRP 主要应用整体硬质合金刀具、金刚石涂层硬质合金刀具和聚晶金刚石刀具(PCD)[24]。其中,整体硬质合金刀具价格最低、切削刃比涂层刀具锋利,但磨损较快、耐用度也较低。其主要的磨损机理为磨粒磨损,磨损形式和失效形式主要为刃口钝化。因此,如何保持硬质合金刃口的锋利度成为制约其应用的主要因素。目前,金刚石涂层硬质合金刀具使用较为广泛。

PCD 铣刀通常焊接在硬质合金基体上,然后再通过精密磨削刃口达到尺寸要求。其切削刃口半径可以磨削得非常小(通常 5 μm 左右),表面磨削得非常平整,可以获得非常锋利的切削刃口,同时具有非常低的表面摩擦系数以及超高的硬度和强度,可以快速切断纤维,减少加工缺陷,提高加工表面质量,但 PCD 铣刀属于硬脆材料,抗冲击性能差,容易发生崩刃,另外,PCD 刀具价格昂贵,因此主要应用在对表面加工质量和刀具寿命有较高要求的场合。

2) 刀具结构

刀具结构主要以降低或抵消轴向切削力为原则。针对 CFRP 铣削加工,主要的刀具类型有小螺旋角铣刀、直槽铣刀、人字齿铣刀和菠萝铣刀,如图 3 - 17 所示,其中小螺旋角铣刀分为左螺旋和右螺旋铣刀两种,较小的螺旋角可以降低轴向切削力,减小表面分层。直槽铣刀铣削 CFRP 时几乎不产生轴向力,因而也可以减小表面分层。人字齿铣刀通过左螺旋齿和右螺旋齿相互抵消,降低或中和轴向切削力,减小表面分层。菠萝铣刀齿形交错,分散了轴向力,研究表明采用菠萝铣刀可以减小加工缺陷,提高表面加工质量,但有切屑堵塞的风险,容屑空间小,适合用于精加工。

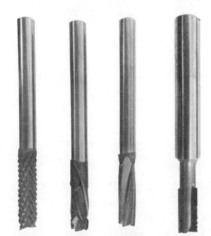

菠萝铣刀　人字齿铣刀　小螺旋角铣刀　PCD铣刀

图 3 - 17　典型 CFRP 铣削加工专用刀具

通过试验研究对比人字齿和菠萝铣刀侧铣加工 CFRP 层合板,试验发现在相同的加工参数下,菠萝铣刀可以获得更小的切削力、刀具磨损量和更好的表面加工质量。通过不同涂层的菠萝铣刀和 PCD 铣刀铣削加工 CFRP 对比发现,PCD 铣刀售价昂贵而且不能达到相应的高加工质量。铣削多向铺层的 CFRP 单向层合板,发现大螺旋角刀具能够减小切削力、减少刀具磨损,产生了更光滑和更少表面缺陷的加工表面,但大螺旋角刀具增大了轴向力,因而产生了更多的上下表面毛刺。采用小螺旋角铣刀和菠萝铣刀侧铣 CFRP,对铣削加工表面质量和切屑粉尘颗粒大小分布的研究显示,菠萝铣刀相比于小螺旋角铣刀能获得更好的表面加工质量。切屑中出现了大量有害切屑粉尘,其颗粒大小比理论切屑尺寸小,这是由于在切削加工中纤维断裂,颗粒大小分布与刀具结构和切削参数有关。

3.3.3 蜂窝芯材料加工刀具

我国航空制造企业对于一般纸蜂窝的加工普遍采用依据手工样板用壁纸刀或带锯切割,对于较为复杂的蜂窝产品,开始采用数控五坐标铣削设备进行加工,但仍存在切削效果不稳定,切削效率低,材料易变形、烧蚀及压扁等问题。蜂窝芯刀具主要应用于铣削蜂窝芯厚度,铣削或仿形铣削蜂窝芯外形轮廓,倒角或者加工边缘斜面,加工蜂窝芯型腔,如图3-18所示。

图3-18 蜂窝芯刀具应用场合

蜂窝芯刀具与传统刀具有很大区别,典型蜂窝芯刀具有以下几类[25]:

1) 硬质合金蜂窝芯立铣刀

这种刀具主要用于蜂窝芯型面粗加工,可完成型面铣削和仿形铣削,如图3-19所示。

2) 可更换高速钢锯片刀

这种刀具主要用于铝合金蜂窝芯轻切削、倒角等,如图3-20所示。

图3-19 硬质合金蜂窝芯立铣刀

图3-20 可更换高速钢锯片刀

3) 蜂窝芯粉碎铣刀

这种刀具主要用于蜂窝芯材料粉碎切削,可实现大进给加工,同时径向力很小,避免蜂窝芯材料变形,如图3-21所示。

图3-21　蜂窝芯粉碎铣刀

3.4　小结

民用飞机结构件制造一直引领新型先进材料的应用,因此,面向民用飞机结构件高速精密加工专用高性能刀具的研制代表了高性能刀具创新研发的最高水平。国外刀具制造企业与飞机制造企业长期紧密合作,投入大量人力和物力研发面向飞机结构件数控加工的专用高性能刀具,带动企业刀具制造技术不断提升。我国刀具企业需要在刀具原始创新上进行大量研究,针对飞机结构件制造的需求,开发专用的高性能加工刀具。

参考文献

[1]　中国机械工业年鉴编辑委员会.中国机床工具工业协会.中国机床工具工业年鉴(2013)[M].北京:机械工业出版社,2015.

[2]　陈明,安庆龙,刘志强.高速切削技术基础与应用[M].上海:上海科学技术出版社,2012.

[3]　蹇悦,杨叶,郭国强.航天铝合金薄壁零件高效加工策略[J].航空制造技术,2015,475(6):54-58.

[4]　佘建芳.山特维克可乐满公司切削刀具涂层技术的发展[J].稀有金属与硬质合金,2003,31(3):51-55.

[5]　朱晓丽,邓继文,陈佃阳.高效车削铝合金刀具结构设计及切削性能研究[J].制造技术与机床,2016(2):94-97.

[6]　张耀卿,王成勇.插铣加工淬硬钢切削力研究[J].机床与液压,2011,39(22):43-44.

[7]　曹克伟,李佳,徐燕申,等.钛合金材料的数控加工方法[J].组合机床与自动化加工技术,2005(4):85-87.

[8]　钱九红.航空航天用新型钛合金的研究发展及应用[J].稀有金属,2000,24(3):218-223.

[9] 陈五一,袁跃峰.钛合金切削加工技术研究进展[J].航空制造技术,2010(15):26-30.

[10] 杜敏,姜增辉,冯吉路.钛合金切削加工特点及刀具材料选用[J].航空制造技术,2011(14):47-49.

[11] 刘红涛.航空 TC21 钛合金的机械加工[J].金属加工:冷加工,2010(22):18-21.

[12] 李友生,邓建新,张辉,等.高速车削钛合金的硬质合金刀具磨损机理研究[J].摩擦学学报,2008,28(5):443-447.

[13] 赵毅湘,陈康华,祝昌军,等.涂层对钛合金高速切削加工性能的影响[J].硬质合金,2015,32(1):50-56.

[14] 贺福,孙微.碳纤维复合材料在大飞机上的应用[J].高科技纤维与应用,2007,32(6):5-8.

[15] 张厚江.碳纤维复合材料(CFRP)钻削加工技术的研究[D].北京:北京航空航天大学,1998.

[16] 崔西亮,田彪,王永国.碳纤维复合材料钻孔加工的缺陷分析[J].机电工程,2013,30(2):182-184.

[17] 林盛坤,林有希,林华.碳纤维复合材料的钻削研究进展[J].工具技术,2015,49(5):3-8.

[18] Pecat O, Brinksmeier E. Tool wear analyses in low frequency vibration assisted drilling of CFRP/Ti6Al4V stack material[J]. Procedia Cirp, 2014, 14(14): 142-147.

[19] Kwon D J, Wang Z J, Gu G Y, et al. Comparison of optimum drilling conditions of aircraft CFRP composites using CVD diamond and PCD drills[J]. Composites Research, 2011, 24(4).

[20] Wang C Y, Chen Y H, An Q L, et al. Drilling temperature and hole quality in drilling of CFRP/aluminum stacks using diamond coated drill[J]. International Journal of Precision Engineering & Manufacturing, 2015, 16(8): 1689-1697.

[21] 张厚江,陈五一,陈鼎昌.碳纤维复合材料钻削孔分层缺陷的研究[J].中国机械工程,2003,14(22):1978-1980.

[22] Gaitonde V N, Karnik S R, Rubio J C, et al. A study aimed at minimizing delamination during drilling of CFRP composites[J]. Journal of Composite Materials, 2011, 45(22): 2359-2368.

[23] 简龙艺,林有希.碳纤维复合材料铣削加工研究进展[J].工具技术,2014,48(4):3-6.

[24] Yashiro T, Ogawa T, Sasahara H. Temperature measurement of cutting tool and machined surface layer in milling of CFRP[J]. International Journal of Machine Tools & Manufacture, 2013, 70(4): 63-69.

[25] 张菊霞,田卫.碳纤维、芳纶纤维、蜂窝芯零件数控加工刀具的选用[J].航空制造技术,2010(15):71-73.

4 民用飞机结构件数控加工夹具

机械加工工艺系统由机床、刀具、工件和夹具等组成[1],提高零件加工效率的途径有两条,即降低切削加工时间和降低辅助准备时间。高速切削技术的应用可以大幅度降低切削加工时间;而先进工装的应用则可以大幅度缩短辅助准备时间,提高工件定位夹紧和调整装卸的效率。飞机机身结构件具有形状结构相似性特点并呈现系列化[2],如 B737 平尾梁缘条系列零件族共有 14 种型号规格,梁间整体肋类零件族共有 54 种尺寸不同的型号规格。这些零件的定位和夹紧规律性强[3]。大型薄壁整体结构件在切削加工中零件刚性随大量毛坯材料的去除而变化[4],薄壁零件的刚性低,零件结构复杂,存在许多凸台和细长筋。因而客观上要求加工中工件夹紧力要自适应实时调整以适应零件整体动态刚度的变化;需要进行多点辅助支撑,以提高加工部位的局部刚度,减少薄壁变形。综合体现机电液一体化技术和多传感器信息融合技术的柔性工装是近年来出现的先进装备技术[5],柔性工装的技术特点是定位和夹紧元件为通用元件,可互换性好;定位夹紧位置可自适应调整;夹紧力大小、方向和夹紧顺序可自动控制;驱动执行机构为机电液一体化部件;应用位移、力和压电传感器元件[6]。柔性工装技术可以使一套夹具满足系列化多种尺寸规格的零件安装要求,既具有机械式可调夹具和组合夹具的柔性,又具有特种专用夹具的高效性,适用于数控加工设备,可以使高速数控加工机床的性能得到更加充分的发挥,大幅度缩短辅助准备时间。先进工装技术成为航空整体薄壁零件实现高效精密加工的核心关键技术,得到航空制造领域的高度关注[7]。

柔性夹具可从两个方面进行定义。

(1) 结构柔性。

该性能是指夹具的结构具有一定程度的可变性,能够适应不同几何形状、机械物理特性工件的装夹要求[8]。这类夹具往往以组合、可调夹具为基础,通过应用新型的 CAD 系统、配置传感器和专用的数控系统等技术提高重组夹具的效率和精度。

(2) 装夹柔性。

装夹柔性主要是指工件在装夹后,随着加工过程的进行,具备动态调整夹紧力的功能,因而特别适合于弱刚度及变刚度工件的装夹。为实现装夹柔性功能,首先要实现迅速计算工件-夹具系统的整体刚度,并能够根据加工状态计算系统实时动态刚度,然后自动调整夹紧机构以保证系统的变形在允许范围内,并保证夹紧力大小能够维持加工状态稳定[9]。因此,装夹柔性系统需要配置专用软件系统,计算工艺系统各相关参数,同时需配置传感器来实时测量相关状态参数。

4.1　机械组合夹具

组合夹具是由一套预先制造好的各种不同形状、不同规格尺寸而且具有完全互换性及高耐磨性的标准元件组装成的专用夹具[10]。组合夹具类国内有大量商品件和生产实践经验,有利于快速研发。但该类夹具要实现较大柔性必须配置较多的元件,因而投资较大。由于组合夹具仍应用了传统夹具的装夹原理,所以较难完成低刚度工件的装夹[11]。最具有柔性的组合夹具,分为槽系组合夹具和孔系组合夹具(见图 4-1)。

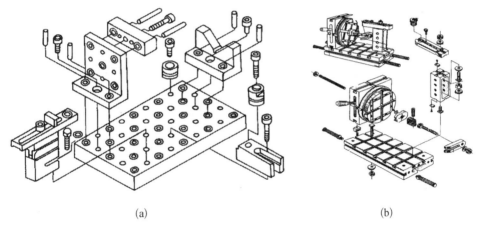

(a)　　　　　　　　　　　　(b)

图 4-1　典型组合夹具

(a) 孔系组合夹具　(b) 槽系组合夹具

为适应不同外形尺寸的工件,组合夹具系统分为大型、中型和小型 3 个系列。每个系列的元件按照用途可分为 8 类。① 基础件:如方形、矩形、圆形基础板和基础角铁等,用作夹具体;② 支承件:如垫片、垫板、支承板、支承块和伸长板等,主要用作不同高度的支承;③ 定位件:如定位销、定位盘、V 形块和定位支承块等,用于确定元件与元件、元件与工件之间的相对位置;④ 导向件:如钻模板、钻套和铰套等,用于确定刀具与工件的相对位置;⑤ 夹紧件:如各种压板等,用于将工件夹紧在夹具上;⑥ 紧固件:如螺栓和螺母等,用于紧固各元件;⑦ 其他件:上述 6 类以外的各种用途的元件;⑧ 合件:指在组装过程中不拆散使用的独立部件,有定位合件、导向合件和分度合件等。

为便于组合并获得较高的组装精度,组合夹具元件本身的制造精度为 IT6~7 级,并要有很好的互换性和耐磨性。一般情况下,组装成的夹具能加工 IT8 级精度的工件,如经过仔细调整,也可加工 IT6~7 级精度的工件。

4.2　积木式多支柱液压可调夹具

　　该种夹具的基本结构是在基础板上安装一定数量的通常是按阵列布置的支柱、柱销等结构[12]。有些结构其头部设计成球铰、万向节等形式，可以灵活调整至合适空间位置以匹配工件不同曲率的复杂空间曲面形状。同时，柱销在高度方向上可以在一定范围内任意调节以适合不同工件形状的加工。

　　CNA公司制造的新一代积木式多支柱夹具是用来为飞机蒙皮壁板铣削工艺定位的。这种自动控制夹具(平台)(见图4-2、图4-3)通过采用几十到几百个高

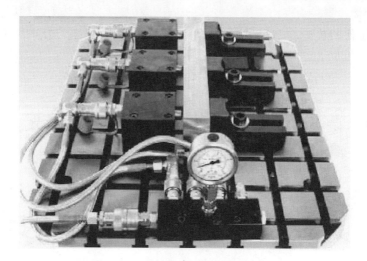

图 4-2　飞机梁类零件液压组合夹具

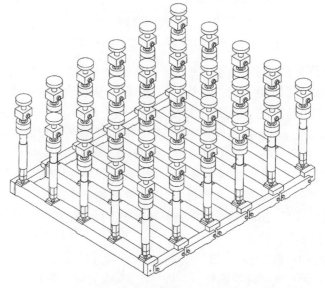

图 4-3　组合式柔性多点支撑装置

度可变的支柱来固定弯曲成形的壁板,该夹具可为包括铣、蚀刻、钻、铆以及激光和水切割在内的多种加工工艺提供支承。组合式蒙皮型面切边柔性多点支撑装置(见图4-4),利用多点高度可调式的柔性夹具,来代替传统蒙皮加工时的实体模具,实现了不同尺寸飞机蒙皮的柔性夹持[12]。

图4-4 大型壁板零件柔性多点支撑装夹系统

4.3 真空吸附夹具

真空吸附夹具的原理是利用对夹具的密闭腔抽真空后,工件与夹具之间产生的大气负压将零件紧紧地吸附在夹具体上,使其受到均匀分布载荷的夹紧力,大大减小了工件因夹紧力造成的变形,可以较好地提高零件的加工精度和表面质量[13]。但是对于超过4 m的大型薄壁类零件的加工,其平面精度误差难以保证,而且传统真空吸附夹具不具备通用性,当零件的尺寸和可吸附面积等参数发生改变时就必须另行制造相应的夹具,增加了工装制造成本和生产周期。

针对大型薄壁类零件的加工制造普遍存在加工技术难、工艺性复杂、精度要求高等问题,需要对传统真空吸附夹具的结构以及加工技术进行重新定义与设计,大型薄壁零件组合式真空吸附夹具的研制成为实现大型薄壁零件高精度高速切削的首要突破口[14]。大型薄壁零件组合式真空吸附夹具的关键技术是定位吸附组件的模块化、球锁快速定位装夹与拆卸、基础平台的通用化以及夹具的基础平台采用分体式结构[15]。定位吸附组件的模块化解决了对多规格、不同结构形式的零件加工要求。球锁快速定位装夹与拆卸系统,实现了零件的快速装夹定位,装夹时间缩短了1/3,同时解决了在加工零件时受集中力而变形的缺陷。基础平台的通用化解决了一种零件只能采用一种基础平台的难题。而针对长度超过4 m的大型薄壁类零件,夹具的基础平台采用的分体式结构能够实现超长大型薄壁零件的加工,以保证加工质量一致性。

大型薄壁零件组合式真空吸附夹具,主要是保证壁厚小于 3 mm 的零件在高速切削加工时厚度误差不超过±0.05 mm。其创新性特点是:

(1) 夹具定位吸附组件的模块化,解决了多规格、不同结构形式的产品零件定位加工要求。

(2) 球锁快速定位装夹与拆卸系统,实现了零件的快速装夹定位,装夹时间缩短 1/3,装夹效率更高,加工质量一致性更好。

(3) 通用化、可扩展的基础平台,实现了多种工装共用一套基础平台,通过组合定位吸附模块的重新组合,适用于相似大型薄壁零件的高速切削,降低了工装成本。

(4) 对于长度超过 4 m 的大型薄壁类零件的加工,采用分体式结构,解决了零件的加工一致性。

大型薄壁零件组合式真空吸附夹具实例如图 4-5 所示。

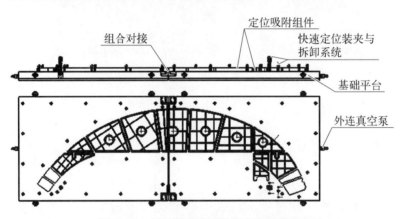

图 4-5　大型薄壁零件组合式真空吸附夹具

真空吸附夹具很好地解决了薄壁类零件在切削过程中出现的变形问题,无论是零件的精度,还是生产效率都获得大幅度的提高[14],但是一套真空吸附夹具只能针对一套零件的加工制造,如果零件的尺寸参数和结构参数发生改变,则必须另制一套相对应的真空吸附夹具。因此,为满足以较低的夹具成本达到大型薄壁类零件加工的要求,真空吸附夹具的定位吸附组件模块化应运而生。

大型薄壁零件组合式真空吸附夹具的模块化首先需要考虑的是:

(1) 被加工零件的结构复杂性,以决定是否所有大型薄壁零件都可以通过模块化的组合来共用一套真空吸附夹具。

(2) 模块应具有互换性、较高的精度以及耐磨性。

因此,首先对大型薄壁类零件的结构参数及外形尺寸参数进行归类和统计,例如将零件分为腹部有隔筋和腹部无隔筋的,或将零件分为带型面或不带型面的等等,把结构相似和外形尺寸相近的零件归为一类并详细记录。按照已统计并分好类的薄壁零件,将相应模块的种类、尺寸、规格和数量也统计出来。在选材上,模块的材料应选用与零件相同的材料,以减小加工时温度产生的误差。在结构上,模块的外形尺寸不能只满足一种零件的外形结构要求,必须具有通用性,能够满足多种外形规格的零件。

模块化的优点是简单易行,通用性很强;夹具可以按照产品零件的结构尺寸来选择合适的模块进行组合,夹具的柔性化程度提高[16]。当一套薄壁零件加工完成后,只需将基础平台上的模块拆卸下来换成另外一套需要加工的薄壁零件相对应的模块即可,整个操作过程简单快速。模块化的真空吸附组件能够满足多规格、不同结构形式的产品零件的加工要求。

4.4 蜂窝芯材料特殊夹具

蜂窝芯材料的夹持固定是蜂窝芯材料加工的一项核心关键技术,在蜂窝材料孔格的轴向方向上有很高的强度,但在其横向方向上伸缩性很大,而且与工作台之间均是以"线"接触,所以蜂窝芯材料不能像金属材料或其他材料那样通过夹具以"面"接触固定在工作台上,这就需要一些特殊的固持办法。

蜂窝芯材料的固持方法有以下 5 种:

1) 双面黏结带固定法

将双面黏结带的一面粘接在工作台上,另一面粘接在工件上进行固定。这种固定方法虽然简单,但固定黏力小,不适合切削深度大以及切削力大的零件,且定位可靠性较差、人工操作劳动强度大、工作效率低。

2) 隔膜法[17]

将玻璃纤维增强塑料或塑料胶片制成的隔膜粘在切削面的对称面上,再利用真空和双面黏结带加以固定,加工完成后将隔膜去掉。特点是前期和后期处理花费时间较长,且固持效果并不理想。

3) 聚乙二醇法

利用聚乙二醇加热(70~90℃)熔化后冷却固化的特性进行固定,这种方法不适合对液体敏感的纸基类蜂窝芯材料。其特点是固持牢靠,不存在工件被拉起报废的情况。但也造成了前期的准备工作量大、时间长,且加工结束后,对残余的聚乙二醇的清理变得困难。

4) 基于磁场和摩擦学原理的蜂窝芯固持方法[18]

利用外加磁场,对灌入蜂窝芯材料孔格中的细小铁粉颗粒产生磁化作用,使得铁粉颗粒在自重和互相之间的磁场吸力的共同作用下对蜂窝芯侧壁以及夹具平台产生正压力的作用,当蜂窝芯材料在高速铣削过程中有相对运动趋势时,在铁粉与蜂窝侧壁之间以及铁粉与夹具平台之间将会产生摩擦力的作用,这种摩擦力的作用将阻碍蜂窝芯材料的运动趋势。当两种摩擦力的合力作用可以平衡蜂窝芯材料所受到的铣削力时,蜂窝芯材料就可以保持稳定可靠的固定状态,从而达到蜂窝芯材料的固持目的。在这种方法中采用了一种特殊的磁性平台,这种磁性平台是以非铁磁材料为基体,将纯铁镶块按照一定的间距平行地镶嵌在基体材料上。纯铁镶块的作用是作为磁极将磁力线从台板下面引到台面上来。在固持过程中,首先将外加磁场封闭,使得磁力线不经过台面上表面。其次,把蜂窝芯材料放置在平台上,然后将铁粉按照一定的高度灌入蜂窝芯孔格当中。最后,通过控制系统开启外加磁场,使得磁力线经过铁粉,在磁极、平台、铁粉之间形成闭合回路。这时蜂窝芯材料就可以被可靠地固持。固持原理如图4-6所示。

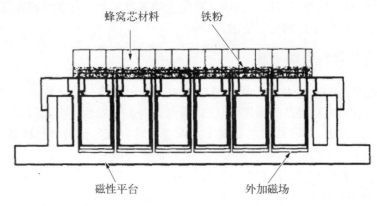

图4-6 磁场固持原理

该方法的优点是:磁场可以很方便地开启和关闭,夹持时间短;通过控制填充磁粉的数量可以方便地改变夹持力的大小,夹持力稳定,装卸方便,可控性强,能够有效减少蜂窝壁的弯曲变形,提高产品的最终加工精度,尤其适合纸质蜂窝芯。

该方法的缺点是:磁粉夹持摩擦力较小,磁粉填充高度为12 mm时,填充135个蜂窝芯格,在平面内提供的摩擦力只有14 N,为了提高夹持力,要么增加磁粉填充高度,要么增强磁场,但是强磁场会导致刀具刀尖弱化,影响刀具加工性能及刀具寿命;磁粉在磁场中的相对运动容易刻划蜂窝芯零件本身,影响零件表面质量;通过电磁固持平台工作时电磁装置不仅仅产生磁场,同时也会产生热量,不使用冷却油时平台温度可升至70℃,固持平台本身已经发生变形,并导致蜂窝芯零件温度升高,使加工质量及刀具寿命均受影响;蜂窝芯边缘部分不能形成闭合的磁路,无法提供有效夹持,无法避免蜂窝芯加工中边缘撕裂的问题;磁粉需要均匀地布置在蜂窝芯零件中,手工布置无法做到,因此需要额外的磁粉下料装置,整个装夹装置较复杂;拆除时磁粉去除不干净。针对不同型面的蜂窝,需要不同的磁性固持平台,平台通用性较差。

5) 基于半导体制冷技术的冰结蜂窝芯夹持方法[19]

半导体制冷技术的原理是珀尔帖效应。由于不同材料的载流子势能不同,当电流通过这两种导电材料构成的回路时,载流子将在结点处发生能级跃迁,从而产生吸热或放热现象,这种现象称为珀尔帖效应。半导体材料的珀尔帖效应尤为明显。将多个半导体 P－N 单元并联,形成具有一定制冷功率的半导体制冷片。基于半导体制冷片的冰结蜂窝芯夹持方法就是通过大功率半导体制冷片将装夹平台内的液态水快速制冷结冰,从而使蜂窝芯孔格内部及零件外部周围完全被冰填充,从而对处于冰中的蜂窝材料提供稳定的夹持力。同时,蜂窝芯格中由于被冰填充,增加了蜂窝芯零件的刚性,避免了薄壁变形,避免了让刀和加工边缘塌陷,提升了切

削效率。基于该方法的半导体制冷片在通以电流的情况下可以迅速制冷,改变输入电压的大小,可以很方便地改变制冷效率和夹持时间,使冰结蜂窝芯的夹持时间控制在 30 分钟以内。冰结蜂窝芯夹持装置如图 4-7 所示。

该方法的优点是:装置简单,体积小,操作简单,清理方便,没有环境污染,只需要人工加水以及调节电源电压即可;非常适合于金属铝质蜂窝芯;夹持稳定,夹持力大,冰结厚度为 7 mm,填充蜂窝芯格数为 225 个时,夹持力超过 200 N;通过制冷冰结夹持的方式,可使装夹区域温度维持在 0～2℃,切削热传导效果明显,散热迅速;有效

图 4-7　冰结蜂窝芯夹持装置

避免切削力和切削热引起的加工变形;冰填充蜂窝芯格提升了蜂窝芯格的刚性,避免切削让刀和切削毛刺等现象;在蜂窝芯边缘部位同样可以提供非常有效的夹持,有效避免了蜂窝芯加工边缘撕裂的产生;相比于使用磁粉夹持,刀具刃口强度没有受到损害,刀具磨损减少,寿命长。

该方法的缺点是:由于环境温度、冰结厚度、电源电压的不同,夹持时间从15～30 min 不等;必须保证半导体制冷片热端散热良好,否则制冷片易损坏;当零件很大时,制冷平台需求功率较大,对电能的消耗较大。

4.5　小结

国内有关柔性工装技术研究尚在起步阶段,虽然目前在五轴联动切削力模型建立、机床-刀具-工件-夹具刚柔耦合多体系统动力学模型建立等方面已开展研究并取得重要进展,但与工业发达国家相比总体技术水平差距较大。我国航空制造部门在大量购进高速数控加工中心时,由于国外的技术封锁,先进工装技术作为核心关键技术难以引进。工艺技术的缺失和不配套使得高端数控加工设备使用效果比预期大大降低。只有大力开展自主创新研究,通过产学研相结合,借助高校在研究条件、技术和人才方面的优势,在引进国外先进高端数控加工设备的基础上进行消化吸收,结合企业自身的条件进行再创新,获得具有自主知识产权的先进工装技术,才能达到高效数控加工的目标。

参考文献

［1］ 陈宏钧. 实用机械加工工艺手册［M］. 北京：机械工业出版社，2003.

［2］ 帅朝林. 飞机结构件数字化设计与制造技术［J］. 航空制造技术，2016，497(1)：48-52.

［3］ 林勇，汤立民，李迎光，等. 基于特征的飞机结构件装夹方案设计方法［J］. 航空制造技术，2014，455(11)：80-83.

［4］ 何宁，杨吟飞，李亮，等. 航空结构件加工变形及其控制［J］. 航空制造技术，2009(6)：32-35.

［5］ 郭洪杰，康晓峰，王亮，等. 飞机部件装配数字化柔性工装技术研究［J］. 航空制造技术，2011(22)：94-97.

［6］ 陈昌伟，胡国清，张冬至. 飞机数字化柔性工装技术研究［J］. 中国制造业信息化，2009，38(9)：21-24.

［7］ 邹方. 柔性工装关键技术与发展前景［J］. 航空制造技术，2009(10)：34-38.

［8］ 张宏涛. 柔性夹具的应用［J］. 机械工人：冷加工，2002(7)：54-54.

［9］ 李东升，胡福文，李小强，等. 基于可重构柔性工装夹持的飞机蒙皮数控切边关键技术及发展［J］. 航空制造技术，2009(23)：26-29.

［10］ 吴玉光，高曙明，陈子辰. 组合夹具设计的几何原理［J］. 机械工程学报，2002，38(1)：117-122.

［11］ 李始东. 专用组合式夹具的设计与开发［J］. 中国现代教育装备，2012(11)：21-22.

［12］ 吴灿云，王新乡，胡国清，等. 飞机柔性夹具的应用与研究［J］. 机械设计与制造，2010(8)：227-229.

［13］ 魏勇，伍爱民. 真空吸附夹具系统的设计［J］. 电讯技术，2008，48(4)：107-110.

［14］ 沈则亮. 真空吸附铣削夹具的设计及其应用［J］. 机床与液压，2011，39(16)：43-44.

［15］ 王宏明，黄蓉，李翀，等. 大型薄壁零件组合式真空吸附夹具研制与应用［C］. 首届中国航空科学技术大会. 2013.

［16］ 王亚梅，刘建伟. 模块化夹具设计的研究和应用［J］. 中国新技术新产品，2013(1)：16-16.

［17］ 骆金威，高涛，牟文平，等. 面向超声波机床加工芳纶纸蜂窝芯的新型固持方法［J］. 航空制造技术，2014，466(22)：106-108.

［18］ 刘刚，柯映林. 纸基蜂窝芯材料磁场和摩擦吸附固持加工中铁粉填充优化方法的研究［J］. 中国机械工程，2004，15(1)：72-74.

［19］ 陈明，邱坤贤，安庆龙，等. 一种用于蜂窝芯材料加工的制冷夹持装置及方法［P］. 上海：CN105737433A，2016-07-06.

5 民用飞机结构件高效精密
数控加工建模与仿真

　　金属切削过程伴随着极小范围内的大应变、高应变率和瞬间高温升等问题,是一个热力耦合作用的典型过程,刀具和工件的相对运动引起工件微观组织各部分的应力分布变化和接触界面摩擦特性变化,局部高应力引发塑性应变而产生热并与摩擦产生的热共同构成影响着切削区的温度场,温度场分布又反过来通过材料本构关系影响着切削区的应力分布。数控加工建模与仿真可以准确分析切削加工过程的力热耦合机理,预测切削力、切削温度、切屑形态和切削加工表面完整性,因此高效精密数控加工建模与仿真技术在切削领域中的应用越来越广泛。

　　民用飞机结构件大多具有弱刚性薄壁结构、复杂曲面特征,材料去除率大,材料难加工和结构难加工并存,使得民用飞机结构件成为典型的难加工零件,切削加工的强力热耦合作用直接影响结构件加工精度和加工表面质量。目前,在航空大型整体结构件的生产过程中,缺乏对零件结构特征的科学分析和零件材料切削加工机理的深入研究,缺少精确的物理模型分析,缺少加工工艺参数优化和刀具路径优化,没有充分发挥先进数控加工中心的性能。在实际生产过程中,只能以选择保守加工参数,损失加工效率来保证加工质量,很大程度上制约了航空制造能力的提升,直接影响了新一代航空产品设计和研发。因此,实现民用飞机结构件高效精密数控加工,数值仿真技术成为普遍采用的研究方法,可以减少实验研究带来的材料和时间的损耗,降低技术研发成本,特别是有限元建模方法已普遍应用于航空整体结构件变形预测和航空新型材料切削机理的研究。目前,切削加工领域专业的建模仿真软件,如 Third Wave 公司开发的切削加工仿真软件 AdvantEdge,加工工艺优化软件 Production Module;哥伦比亚大学制造自动化实验室(MAL)开发的切削加工动力学仿真软件 CutPro、ShopPro 等,都已经在生产现场获得了应用。

5.1　切削加工力热耦合建模

　　近年来,有限元技术得到了长足的发展,特别是一些切削加工专用有限元软件的开发,使之成为能够定量分析切削加工力热耦合过程的强大工具。力热耦合过程不再是简单的效应叠加或者间接耦合,包含了应力、温度、应变和应变率关系的材料本构关系与成熟的热力学控制方程的结合,使得力热耦合切削过程仿真成为可能,大大降低了对切削过程分析的成本,提高了分析的质量。

5.1.1　材料本构关系

材料本构关系是有限元建模仿真的前提,也是影响仿真结果准确性的关键因素。能够反映材料真实物性变化的本构关系取决于完整的内部状态变量组,该内部状态变量组代表了材料的微结构状态。在材料微观组织结构给定的情况下,它们通常表示为温度、应变、应变率之间的数学关系。然而具有普适性的本构关系并不多,大多有其各自使用的领域。对于高速切削过程经常达到的大应变($5\sim8$),高应变率($10^4\sim10^5/\mathrm{s}$)和高温升($>1\,000\,℃$)情况,目前应用最广泛的材料本构关系为 Johnson - Cook 本构关系模型(简称 JC 模型)[1]。由于 JC 模型将材料假设为各向同性的刚塑性强化模型,忽略了变形历史对流动应力的影响,同时考虑了流动应力的应变硬化效应、应变率硬化效应和热软化效应,能够反映大应变、高应变率和高温升情况下的材料力热耦合行为,目前普遍应用于切削加工力热耦合建模。

在金属材料切削加工中存在三种效应,分别为应变硬化效应、应变率强化效应和热软化效应[2]。应变硬化效应表征材料的流动应力随着应变的增加而增加,应变率强化效应表征材料的流动应力随着应变率的增加而增加,热软化效应表征材料的流动应力随着温度的增加而减小。JC 模型引入了表征以上三种效应的参数,能够反映出大应变、高应变率和高温升情况下的本构关系,适合于不同的材料参数而且形式较为简单,其表达式如式(5-1)所示[3]。

$$\bar{\sigma} = \left[A + B\,(\bar{\varepsilon}^{\mathrm{pl}})^n\right]\left[1 + C\ln\left(\frac{\dot{\bar{\varepsilon}}^{\mathrm{pl}}}{\dot{\varepsilon}_0}\right)\right]\left[1 - \left(\frac{T - T_{\mathrm{r}}}{T_{\mathrm{m}} - T_{\mathrm{r}}}\right)^m\right] \qquad (5-1)$$

式中:$\bar{\sigma}$ 为屈服应力;$\bar{\varepsilon}^{\mathrm{pl}}$ 为等效塑性应变;$\dot{\bar{\varepsilon}}^{\mathrm{pl}}$ 为等效塑性应变率;$\dot{\varepsilon}_0$ 为参考应变率;T 为绝对温度;T_{r} 和 T_{m} 分别为参考温度和材料熔化温度。其中 A、B、C、m 和 n 为 JC 模型材料的系数,其含义如下:

A:准静态条件下室温时材料的屈服极限 σ_{s},单位 MPa;

B:应变硬化模量,单位 MPa;

C:应变率敏感系数,无量纲;

m:温度软化系数,无量纲;

n:应变硬化系数,无量纲。

目前,在材料科学领域中测量材料在高应变率下的力学性能时使用最广泛的就是分离式 Hopkinson 压杆(简称 SHPB)技术[4],这一方法最早是由 Hopkinson 于 1914 年提出的。如图 5-1 所示分离式 Hopkinson 杆测试系统,其基本原理是将短试样置于两根压杆之间,通过加速的质量块、短杆撞击或炸药爆炸产生加速脉冲,对试样进行加载。同时利用粘贴在压杆上并距离杆端部一定距离的应变片记录脉冲信号。如果压杆保持弹性状态,那么杆中的脉冲将以弹性波速无失真地传播。这样粘贴在压杆上的应变片就能够测量作用于杆端的载荷随时间的变化历程。

(a)　　　　　　　　　　　　　　　　(b)

图 5-1　分离式 Hopkinson 杆测试系统

(a) Hopkinson 压杆系统　(b) 微型 Hopkinson 压杆系统

5.1.2　热力耦合过程有限元分析

要完成一个完全意义上的热力耦合切削仿真建模,在前处理中几乎每一个过程都有特定的要求。首先几何模型的网格必须具有温度自由度;必须赋予工件材料完整的热力学物理参数,特别是材料在高温升、大应变、高应变率下的塑性行为;由于强烈的非线性存在,一般采用热力耦合的显式动态分析步,这种分析步对比于隐式分析步在分析切削问题上有非常强大的优势,无须占用太多的内存资源,不存在矩阵运算不收敛问题,可以中途中断并继续运算,但是需要大量占用 CPU 资源,且建模不当容易引起运算中的网格畸变;接触面的定义不仅和力学相关,还要定义摩擦生热的比率、热量在接触面上的分配、热流量和接触面距离之间的函数关系;其他各种热学边界条件的设定问题都很重要。

1) 切屑分离、断裂准则

在模拟切屑形成方面,主要有两种方法。一种是使用分离准则进行切屑分离,这种方法通过单元或节点达到一定的分离标准,形成切屑和已加工表面。另一种是 ALE(arbitrary Lagangian-Eulerian)[5]方法。纯粹的拉格朗日(Lagange)方法网格相当于黏附在材料上,随着材料一起流动,当刀尖前部处的网格单元符合失效准则时,发生材料失效,单元不再承载应力,好像它们不存在一样,这种单元即被从模型中删除不再显示,随着失效单元删除,新的接触对不断产生,最终实现切屑的分离。欧拉(Euler)方法则设定刀尖附近的材料完全独立于网格流动,并且在刀尖的停滞点处,上面形成切屑,下面形成已加工表面。使用欧拉方法的好处是不需要定义材料失效准则,而且不会出现网格过变形导致分析过程中止。但是欧拉方法也有一个很大的缺陷,必须先定义切屑几何形状作为材料流动的边界条件。因此,ALE 方法综合了纯粹拉格朗日和欧拉方法的优点,有限元网格不像纯拉格朗日方法一样始终跟随材料流动,也不像纯欧拉方法一样固定不动,网格可以独立于材料流动之外单独运动。

如图 5-2 所示,将工件三条边上所有节点的自由度约束住,由施加在刀具上的运动载荷实现两者的相对运动。为模拟带刀尖圆角的刀具产生切屑的成形,将矩形工件的右上角去掉一部分;为防止网格畸变,初始网格的设计具有特殊要求,必须使得刀尖部分的网格成包络状,而且网格以每 5 个增量步的步幅进行自适应。网格对刀尖部分的包络结构使得刀具在运动过程中,刀尖部分始终得到很好的表达,而不会出现意想不到的结构穿透,不同时刻的模型网格适应情况如图 5-3 所示。

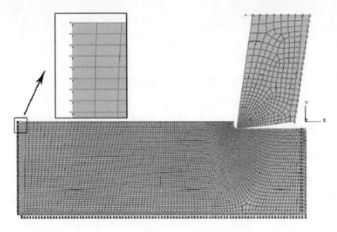

图 5-2　刀具和工件运动接触示意图

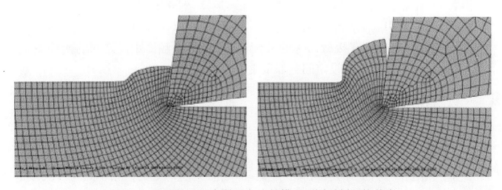

图 5-3　运用 ALE 有限元方法的模型不同时刻网格状态

2) 刀具-切屑-工件的摩擦模型[6]

在第二变形区,切屑从前刀面上流走,受到切削速度、接触压力和温度等因素的影响,刀屑接触面的摩擦行为十分复杂。通常将接触区域分为黏结区和滑移区两个部分。从刀尖开始切屑粘接到刀具前刀面的部分称为黏结区。在黏结的情况下,切屑与前刀面之间就不是一般的外摩擦,而是切屑与刀具的黏结层与其上层金属的内摩擦。内摩擦实际上是金属内部的滑移剪切,它与材料的流动应力以及粘结面积大小有关,与接触压力的大小无关。材料停止粘接后,以恒定的摩擦系数沿着前刀面滑动的部分称为滑移区。该区域的摩擦力与接触压力成正比。最后,切屑离开前刀面,不再接触。

定义 β 为摩擦角,可以通过切削实验得到前刀面上的平均摩擦系数表达式为

$$\mu = \tan \beta = \frac{F_{\text{II s}}}{F_{\text{II n}}} = \frac{F_{\text{sC}} \sin \alpha + F_{\text{sT}} \cos \alpha}{F_{\text{sC}} \cos \alpha - F_{\text{sT}} \sin \alpha} \tag{5-2}$$

式中: $F_{\text{II s}}$ 为第二变形区摩擦力; F_{sC} 为主切削力; $F_{\text{II n}}$ 为第二变形区正压力; F_{sT} 为切向切削力。

应用库仑摩擦定律定义刀-屑之间的摩擦,前刀面上的摩擦分为外摩擦和内摩擦,通过下面的法则判定摩擦的类型:

$$\begin{cases} \tau = \mu p, & \text{当 } \tau < \dfrac{\sigma_y}{\sqrt{3}} \\[3mm] \tau = \overline{\tau_{\max}} = \dfrac{\sigma_y}{\sqrt{3}}, & \text{当 } \tau \geqslant \dfrac{\sigma_y}{\sqrt{3}} \end{cases} \tag{5-3}$$

式中: $\overline{\tau_{\max}}$ 为最大等效剪应力; p 为前刀面上的正应力。

3) 切削热的产生

(1) 塑性应变的生热过程。

热力耦合的分析过程设定单位体积上塑性应变对于热流量的贡献为

$$r^{\text{pl}} = \eta \sigma : \dot{\varepsilon}^{\text{pl}} = \frac{1}{2\Delta t} \eta \Delta \varepsilon^{\text{pl}} \boldsymbol{n} : (\sigma + \sigma_t) \tag{5-4}$$

式中: η 是非塑性热产生率; σ 是应力, Δt 是一个增量步的时间间隔; $\boldsymbol{n}$ 是流动方向矩阵。将式(5-5)代入上式:

$$\begin{cases} \sigma = \dfrac{\partial W}{\partial \varepsilon^{\text{el}}} \\[3mm] \varepsilon = \varepsilon^{\text{el}} + \varepsilon^{\text{pl}} + \varepsilon^{\text{th}} \\[3mm] \dot{\varepsilon}^{\text{pl}} = D \left[\dfrac{\overline{q}}{\sigma^0} - 1 \right]^n \end{cases} \tag{5-5}$$

式中: W 为应变能密度,与弹性应变和温度相关; ε 为总应变, ε^{el} 为弹性应变; ε^{pl} 为塑性应变, ε^{th} 为由热延展而引起的应变; $\overline{q}$ 是 Mises 或 Hill 等效应力; $D(\theta)$ 和 $n(\theta)$ 都是与温度相关的材料参数。得到增量步结束之后塑性应变产生热的关系式为

$$\begin{cases} \partial \sigma = \dfrac{\partial^2 W}{\partial \varepsilon^{\text{el}} \partial \theta} \partial \theta + \dfrac{\partial^2 W}{\partial \varepsilon^{\text{el}} \partial \varepsilon^{\text{el}}} : \left(\partial \varepsilon - \dfrac{\partial \varepsilon^{\text{th}}}{\partial \theta} \partial \theta - \partial \varepsilon^{\text{pl}} \right) \\[3mm] \partial \varepsilon^{\text{pl}} = \partial \varepsilon^{\text{pl}} \boldsymbol{n} + \Delta \varepsilon^{\text{pl}} \left(\dfrac{\partial \boldsymbol{n}}{\partial \sigma} : \partial \sigma + \dfrac{\partial \boldsymbol{n}}{\partial \varepsilon^{\text{pl}}} \partial \varepsilon^{\text{pl}} + \dfrac{\partial \boldsymbol{n}}{\partial \theta} \partial \theta \right) \end{cases} \tag{5-6}$$

（2）刀屑摩擦的生热过程。

热力耦合分析过程中，定义了一个热产生率 η，这个参数决定了滑动摩擦所损失的能量向热能转化的比率；热能向两个接触面传递的比率分别为 f_1 和 f_2，两者的和为 1。这两个参数的设定是基于接触面无热容，而能量必须通过传导或者辐射向外扩散的设定。由于摩擦而产生的所有能耗为

$$P_{\text{fr}} = \tau\dot{\gamma} = \frac{\Delta s}{\Delta t} \tag{5-7}$$

式中：τ 是摩擦应力；$\dot{\gamma}$ 是相对滑移速率；Δs 和 Δt 分别为一个增量步内的滑移以及增量步时间。分配到每个接触面上的热流量分别为

$$\begin{cases} q_A = f_1\eta P_{\text{fr}} \\ q_B = f_2\eta P_{\text{fr}} \end{cases} \tag{5-8}$$

上式中：q_A 和 q_B 分别表示摩擦发生过程中进入从面和主面的热流量。由于摩擦产生的热流量在接触面上导致了不同的温升，所以在相互接触面上也存在传导与辐射，因此在假设 A 面向 B 面传热的条件下，两个面各自能够向内部传递的热量 q_1 和 q_2 分别为

$$\begin{cases} q_1 = q_A - q_k - q_r \\ q_2 = q_B + q_k + q_r \end{cases} \tag{5-9}$$

式中：q_k 和 q_r 分别是由于传导和辐射作用而导致的热量传递，其表述如下：

$$\begin{cases} q_k = k(h, p, \bar{\theta})(\theta_1 - \theta_2) \\ q_r = C[(\theta_1 - \theta^z)^4 - (\theta_2 - \theta^z)^4] \end{cases} \tag{5-10}$$

式中：$(h, p, \bar{\theta})$ 是一个热传递系数，是接触点对的平均温度、接触过盈量以及接触压力的函数；C 是表征辐射的一个参数，与接触面的辐射能力以及相互视角参数相关，θ^z 是所使用的温度单位相应的绝对零度值。

（3）热量的传递和变化过程。

固定节点增量步前后的热量变化：在切削仿真通常所使用的显式分析中，为避免求解大型矩阵而耗费时间和计算资源，热量传递采用时间增量向前差分的方法，表示如下：

$$\theta_{(i+1)}^N = \theta_{(i)}^N + \Delta t_{(i+1)}\dot{\theta}_{(i)}^N \tag{5-11}$$

式中：$\theta_{(i)}^N$ 表示节点 N 上的温度，下标 i 表示显式动态分析步中增量步的序号；当前温度通过前一增量步的已知量 $\dot{\theta}_{(i)}^N$ 来得到：

$$\dot{\theta}_{(i)}^N = (\boldsymbol{C}^{NJ})^{-1}(\boldsymbol{P}_{(i)}^J - \boldsymbol{F}_{(i)}^J) \tag{5-12}$$

式中：C^{NJ} 是总体热容矩阵；$P_{(i)}^{J}$ 是应用节点源矢量；$F_{(i)}^{J}$ 是内部热流矢量。对于时间增量 Δt 的估算在运算之前执行数据检查的时候，首先要考虑模型整体结构的力学响应和热学响应，确定出一个上限：

$$\Delta t \leqslant \min\left(\frac{2}{\omega_{\max}}, \frac{2}{\lambda_{\max}}\right) \qquad (5-13)$$

式中：$\omega_{\max}$ 是系统力学响应的最高频率；$\lambda_{\max}$ 是系统热学响应的最大特征值。然后通常根据热学响应来估算前差分计算方法的稳定时间增量步极限：

$$\Delta t \approx \frac{L_{\min}^{2}}{2\alpha} \qquad (5-14)$$

式中：L 是模型中所有网格单元中的单边最短尺寸；$\alpha = \dfrac{k}{\rho c}$ 表示材料的热量扩散率，参数 k、ρ、c 分别表示材料的热传导率、密度和比热容。

工件内部的热量传递基于能量平衡关系式以及热传导 Fourier 法则：

$$\int_{V} \rho \dot{U} dV = \int_{S} q dS + \int_{V} r dV \qquad (5-15)$$

$$f = -k \frac{\partial \theta}{\partial x} \qquad (5-16)$$

式中：V 是工件内部某一个区域的体积；S 是这个区域的外表面积；ρ 是工件材料的密度；$\dot{U}$ 是此区域材料内能的时间变化率；q 是这个区域外表面单位面积上流向区域内部的热流量；r 是区域外部结构流入此区域单位体积的热流量；f 是热流量；k 是热传导率；θ 是温度；x 表示位置。两式结合可以得到标准 Galerkin 方法的表述式为

$$\int_{V} \rho \dot{U} \delta\theta dV + \int_{V} \frac{\partial \delta\theta}{\partial x} k \frac{\partial \theta}{\partial x} dV = \int_{S} \delta\theta q dS + \int_{V} \delta\theta r dV \qquad (5-17)$$

温度的内插值等式为

$$\theta = N^{N}(x)\,\theta^{N}, \quad N = 1, 2, \cdots \qquad (5-18)$$

Galerkin 方法采用同样的方法对变量场 $\delta\theta$ 的内插值为

$$\delta\theta = N^{N}\delta\theta^{N} \qquad (5-19)$$

因此最终的能量平衡式可以表示成如下等式：

$$\int_{V} N^{N}\rho\dot{U} dV + \int_{V} \frac{\partial N^{N}}{\partial x} k \frac{\partial \theta}{\partial x} dV = \int_{S} N^{N} q dS + \int_{V} N^{N} r dV \qquad (5-20)$$

面与面之间的热传导公式如下：

$$q = k(\theta_A - \theta_B) \tag{5-21}$$

式中：q 表示从一个面上的点 A 到接触面上的点 B 方向上单位面积的热流量大小；θ_A 和 θ_B 分别表示接触面上点 A 和点 B 的温度值；k 表示热传导率。

当两个面存在较小的间隙的时候，它们之间的热量传递主要依靠辐射：

$$q = C[(\theta_A - \theta^z)^4 - (\theta_B - \theta^z)^4] \tag{5-22}$$

式中：θ^z 表示模型所使用的温度标准的绝对零度数值；辐射参数 C 如下式：

$$C = \frac{F\sigma}{1/\varepsilon_A + 1/\varepsilon_B - 1} \tag{5-23}$$

式中：σ 是 Stefan-Boltzmann 常数；ε_A 和 ε_B 为两个面的面辐射率；F 为有效视角因数，方向由从面指向主面。

5.1.3 基于 AdvantEdge 的切削加工有限元仿真

Third Wave AdvantEdge 是一个切削过程仿真的专用有限元软件，它主要包括前处理器、模拟器、后处理器三大模块。前处理器处理模具和坯料的材料信息及几何信息的输入、成形条件的输入，建立边界条件，它还包括有限元网格自动生成器。模拟器是集弹性、弹塑性、刚（黏）塑性、热传导于一体的有限元求解器。后处理器是将模拟结果可视化，并输出用户所需的模拟数据。图 5-4 所示为软件的三个主要部分，第一个部分（前处理器）是一个用户友好型的界面，在这里用户可以建立仿真任务；第二个部分（模拟器）是 AdvantEdge 的运算引擎，它负责完成第一个部分建立好的所有计算任务；第三个部分（后处理器）是仿真结果的查看器，在这里用户可以提取必要的结果，包括切削力、刀具温度、应变、残余应力以及其他和切削过程相关的结果。

仿真任务建立　→　AdvantEdge™ 运算引擎　→　仿真结果查看

图 5-4　Third Wave AdvantEdge 软件包的主要部分

与一般的通用型有限元软件比较，TWS 具有用户界面优良、便于用户操作等特点，主要包括输入模块、计算模块、输出模块。作为切削输入条件的内容包括工件材料特性、刀具几何参数、刀具材料特性、切削速度、冷却液参数、刀具振动参数、切削参数等；软件通过有限元计算后，输出切削加工中的切削力、切屑形态、温度分布、应力分布、应变及残余应力。AdvantEdge 拥有丰富的材料库，包括各类铸铁、铝合金、钢、高温合金、钛合金约 120 种材料，同时还允许用户自定义材料库中没有的材料。刀具材料涵盖高速钢、硬质合金、陶瓷、CBN 与 PCD 等。包括丰富的工艺分析：车削、铣削、钻孔、镗削、拉削等。应用 AdvantEdge 软件可以模拟刀具磨损过程,也可以模拟在不同冷却方式下的切削过程。

运用 AdvantEdge 软件进行切削加工仿真的流程主要按以下步骤进行: 建立物理模型→定义单元类型→输入物性参数→划分网格→加入载荷及边界条件→求解→后处理→得出仿真结果,如图 5-5 所示。

加工类型选择　　　　加工方式选择　　　刀具和工件材料定义或选择

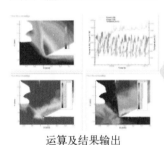
　运算及结果输出　　　　　网格划分　　　刀具和工件几何模型建立

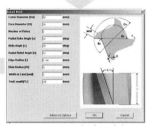

图 5-5　AdvantEdge 有限元分析流程

采用 AdvantEdge 与实验设计方法(DOE)相结合,借助于 MiniTab 数据分析软件,可以进行加工工艺参数优化分析,如图 5-6 所示。在应用 AdvantEdge 进行

确定优化加工参数　　　进行实验设计(DOE)　　建立有限元仿真模型

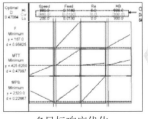
多目标响应优化　　　　统计分析及建模　　　采集有限元仿真数据

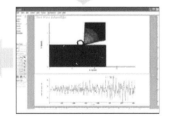

图 5-6　基于 AdvantEdge 的参数优化

参数优化时,首先确定待优化的加工参数,然后进行实验设计,确定待优化参数的实验水平,针对每组参数组合进行有限元仿真,采集每组参数的有限元仿真结果,然后采用 MiniTab 数据分析软件进行数据分析和建模,最后通过多目标响应优化方法获得优化加工参数。

5.2　基于 AdvantEdge 的加工工艺优化应用

由于切削加工过程是一个多物理场相互作用的复杂物理过程,影响因素复杂,通过有限元仿真可以获得加工过程中所产生的切削力、切削温度、残余应力、切屑形态等,可以减少切削加工实验次数,降低人力和物料成本,对切削加工刀具和工艺优化提供科学的理论指导。

在飞机结构件加工中,往往需要优化切削力的大小和方向以保证弱刚性方向上的结构在加工过程中不会因为切削力过大而产生变形(见图 5-7)。在航空铝合金加工中,通过改变刀具前角和后角,获取加工温度仿真结果(见图 5-8)。采用改进刀具加工可以有效降低加工温度,改进刀具加工温度比原标准刀具低 60℃,这样可以减少由于加工温度过高引起的整体结构件热变形。

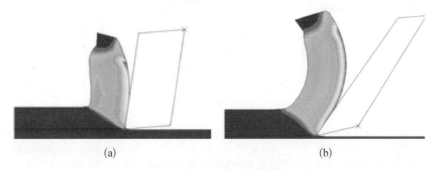

(a)　　　　　　　　　　　　　　　　(b)

图 5-7　不同结构刀具切削加工仿真

(a) 原标准形　(b) 改进形

在薄壁结构件侧铣加工中,径向切削力将直接影响薄壁特征的加工变形量,因此,如何改变切削力在径向和轴向的分布成为改进薄壁结构件加工变形的重要因素。如图 5-9 所示,采用 AdvantEdge 3D 铣削仿真模型进行不同螺旋角切削加工仿真,螺旋角大小从 20°变化到 55°(见图 5-10),计算不同螺旋角铣刀进行侧铣时的切削力,并进行比较。如图 5-11 所示,随着螺旋角增大,径向切削力逐渐减小,而轴向切削力逐渐增大,因此,采用大螺旋角刀具有利于改进薄壁结构件加工变形。

通过 AdvantEdge 还可以根据需求研究不同加工工艺参数下的切削力、切削温度、切屑形态、残余应力等物理量进行计算,实现工艺参数优化(见图 5-12),可以根据优化目标和需求使用。

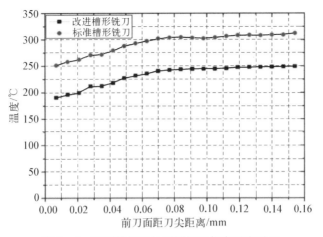

图 5-8 不同结构刀具切削加工仿真温度对比

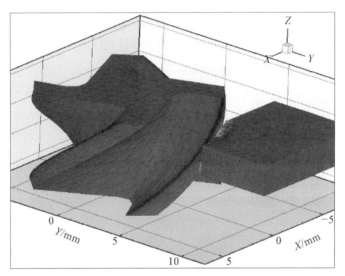

图 5-9 AdvantEdge 3D 铣削仿真模型

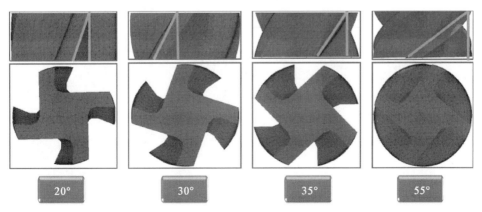

图 5-10 不同螺旋角铣削刀具仿真模型

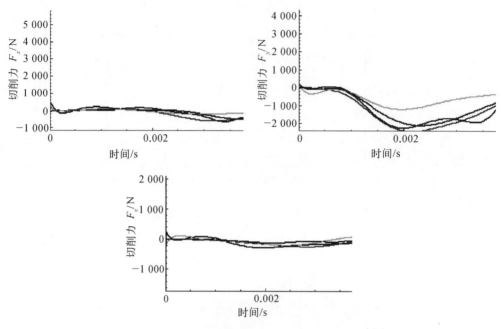

图 5 - 11 不同螺旋角铣削刀具切削力对比

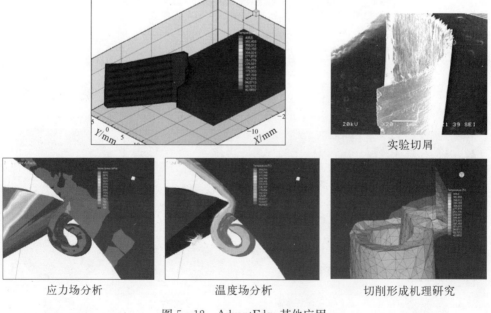

实验切屑

应力场分析　　　　　　温度场分析　　　　　切削形成机理研究

图 5 - 12 AdvantEdge 其他应用

5.3　基于 Production Module 结构件加工工艺优化

提高加工效率,降低加工成本,改善产品质量一直是现代制造业永恒追求的目标。为实现这一目标,现代制造业不断提升机床性能,研制新型工具,创新工艺方法。通过数字化加工方式,对产品设计、加工工艺进行优化,是加快产品研发周期,提高产品质量和加工效率的重要技术手段。

图 5-13 为基于力热耦合建模的结构件加工工艺优化技术路径。通过 CAD 建立结构件三维模型,然后通过 CAM 进行结构件加工编程,生成 NC 代码,导入到 Vericut 软件进行加工路径仿真,防止发生干涉和碰撞,随后通过 Third Wave System(TWS)的 Production Module 软件模块进行工艺参数优化,完成工艺优化的 NC 代码导入数控加工中心进行加工。

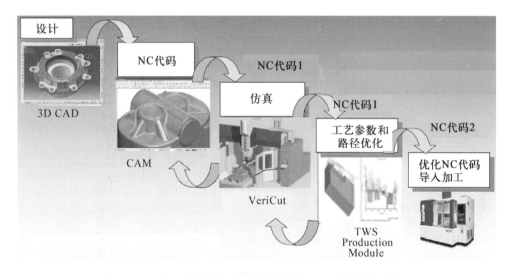

图 5-13　基于力热耦合建模的结构件加工工艺优化技术路径

5.3.1　Production Module 原理及特点

Production Module 软件通过对工件、刀具、材料数据及 NC 程序的综合分析,得到整个 NC 程序下的切削力、进给力、材料去除率及温度峰值等数据;然后通过优化 NC 程序中的进给量及切削速度数据来优化加工过程中切削力、温度等。通过 Production Module 优化分析后可以改进切削力、温度,负载平衡,降低振动,缩减加工周期,并且优化后的 NC 程序可以直接进行加工。Production Module 的基本原理如图 5-14 所示。

Production Module 软件中的数据库都是通过试验或 AdvantEdge 分析得到的;输入工件、工件材料特性、刀具参数、G 代码/APT 代码、机床控制文件,对这些参数进行解析后,能够得到整个加工过程中的切削力、温度、功率等结果;然后通过

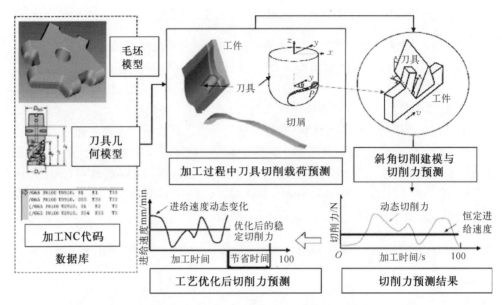

图 5 - 14　Production Module 基本原理

自动优化 CNC 程序功能或优化进给及切削速度参数,优化切削力、温度及加工周期,从而提高生产效率。

Production Module 作为面向结构件工艺优化的软件,其主要特点如下:

(1) 材料库中数据都是通过试验或 AdvantEdge 分析得到的;

(2) 完整的刀具参数定义;

(3) 完整的车削、钻孔、三轴及五轴铣削仿真;

(4) 完整的 G 代码和 APT 代码输入;

(5) 可以定义、设置及编辑机床控制文件;

(6) 可以得到加工过程中的切削力、温度、功率等结果;

(7) 通过优化进给量及切削速度对切削力及温度进行优化;

(8) 具有颤振预测;

(9) 具有自动优化 CNC 程序、载荷平衡及降低振动功能。

5.3.2　Production Module 应用

Production Module 具有车削分析、2D 分析和 3D 分析三个模块,其中 3D 分析在民用飞机结构件数控加工工艺优化中的应用最为广泛。下面以 3D 分析模块为例介绍 Production Module 应用方法。

1) 机床特征定义

为了能够导入加工零件毛坯,加工 NC 代码,必须首先对机床特征进行定义。如图 5 - 15 所示,定义机床数控系统类型和 NC 代码类型。

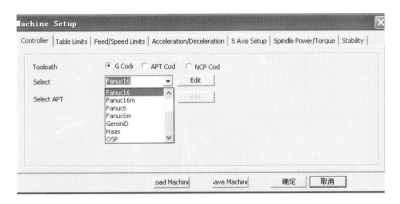

图 5-15 定义机床数控系统类型和 NC 代码类型

然后定义机床工作台尺寸和机床五轴加工设置，如图 5-16 所示。

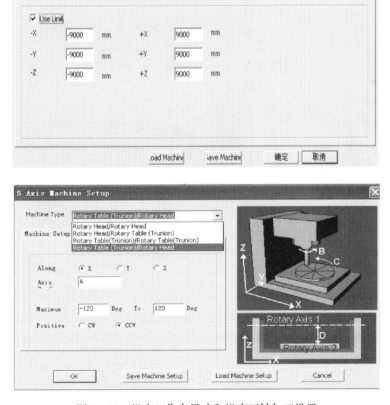

图 5-16 机床工作台尺寸和机床五轴加工设置

在机床特征定义中,还可以设置加工稳定性数据、机床主轴功率扭矩曲线等。

2) 刀具特征定义

Production Module 中可以进行刀具几何定义,输入标准刀具参数或导入刀具几何参数,如图 5-17 所示,可以定义整体立铣刀、可转位铣刀、麻花钻、可转位 U 钻、锥度铣刀、玉米铣刀,也可以通过 STEP/STL 文件导入各种非标刀具。

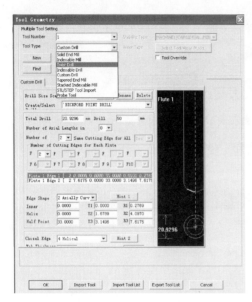 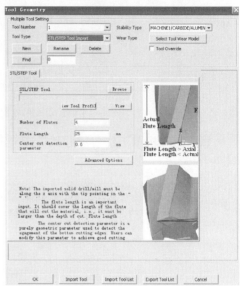

图 5-17　刀具几何特征设置和导入

3) 工件设置

Production Module 中定义标准工件参数或通过 STEP/STL 格式读入工件,设置工件材料,如图 5-18 所示。从材料库中选取的工件材料,包含了与材料切削加工性能相关的材料参数,为切削力、切削温度的预测提供了基础数据。

4) 坐标系设置

为了导入的刀具、工件和 NC 代码能够具有统一的坐标系,必须对坐标系进行设置,如图 5-19 所示。

5) NC 代码导入

导入刀具路径,选择 NC 程序,选择机床控制文件,选择坐标系,改变刀具初始位置,如图 5-20 所示。

6) 计算求解

通过上述可以完成 Production Module 的设置,然后就可以进行运算和结果分析了,如图 5-21 所示,求解后显示 NC 程序下的切削力等结果。

在 Production Module 中还可以获得结构件在加工过程中主轴转速、进给速度、每齿进给量、轴向切深、径向切深、材料去除率等随时间变化的结果,以及 X、Y、

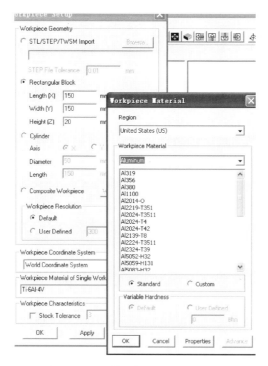

图 5-18　工件几何特征和材料设置

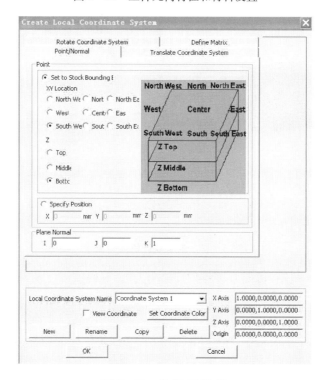

图 5-19　坐标系设置

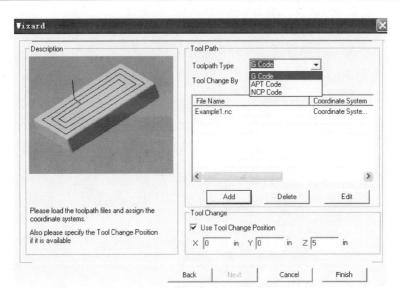

图 5-20　NC 代码导入

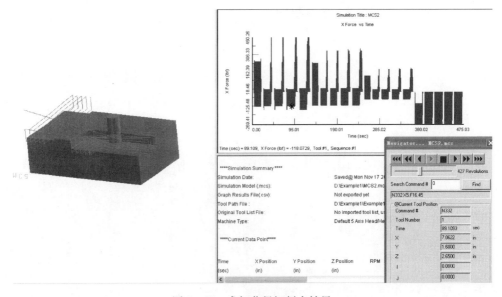

图 5-21　求解获得切削力结果

Z 三向力和功率、扭矩、切削力、径向力、轴向力、刀具峰值温度及刀具应力等随时间变化的结果。

7) 工艺优化

选择优化整个 NC 程序、In-Cut 或空切,选择要优化的参数,定义要优化参数的范围大小,产生新的 NC 程序。一般情况下,选择主切削力作为优化参数,设定主切削力的最大值、最小值,即可进行优化,如图 5-22 所示。

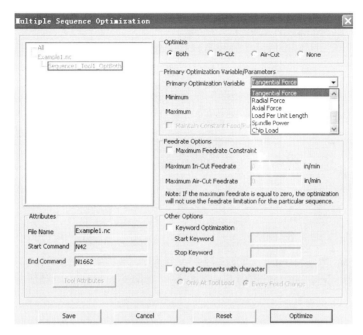

图 5-22　工艺优化设置

在优化计算过程中,软件会对需要优化的参数进行提示,加工代码行号、当前进给、优化进给、当前速度、优化速度、当前切削力、选择优化参数后的切削力,如图5-23所示。

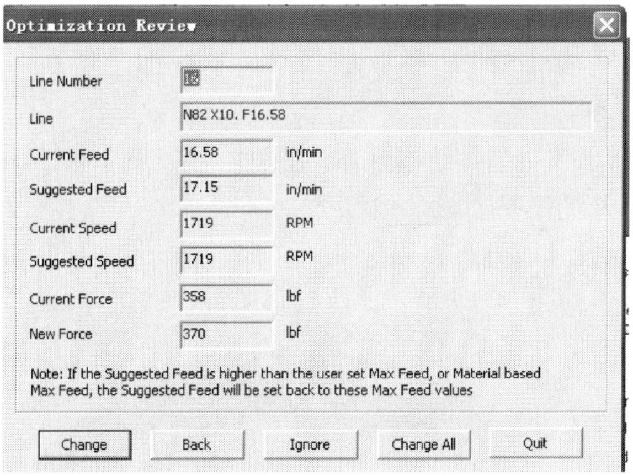

图 5-23　工艺优化提示

优化进给及切削速度后产生新的加工代码,再代回 Production Module 进行解算,解算后的结果与原加工代码的结果进行比较。如图 5-24 所示,优化前后结果叠加比较,浅灰色为优化后 NC 代码仿真结果,深灰色为优化前 NC 代码仿真结果。可见通过优化程序,加工时间明显缩短,加工效率获得提升。

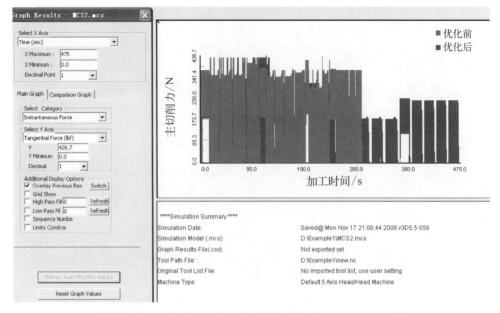

图 5-24　PM 优化结果比较

　　Production Module 是一款针对结构件实际加工过程进行参数优化的软件,主要通过限定切削力阈值,一方面充分发挥机床性能,提升切削力较低时的进给速度,提升加工效率;另一方面限制切削力突变情况,减小进给速度,使得加工过程更加平稳。通过加工工艺优化,使传统的固定进给和固定转速的数控程序制订,转化为根据切削力阈值改变进给的数控加工程序。与 AdvantEdge 相比,Production Module 更有效完成针对具体结构件的加工工艺优化。

5.3.3　应用案例

　　如图 5-25 所示飞机整体结构件,需要通过 Production Module 对零件加工过程进行仿真计算,并优化程序,提升加工效率。如图 5-26 所示,对该零件采用整体硬质合金铣刀进行特征设置。该零件加工工序分为三步,分别对三步加工工序进行切削力阈值设定,如图 5-27 所示。通过加工程序优化,对比优化前后结果,如图

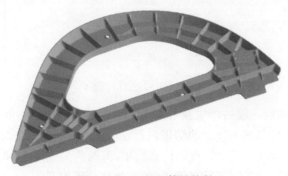

图 5-25　飞机整体结构件

5 - 28 所示,优化后零件加工时间比优化前缩短了 30%。

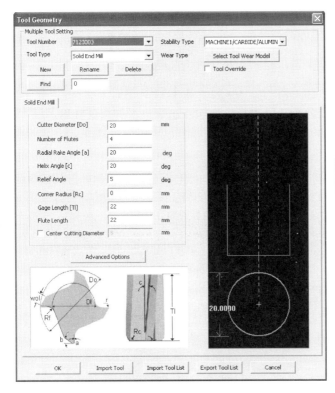

图 5 - 26　零件加工刀具几何特征设置　　图 5 - 27　加工工序切削
　　　　　　　　　　　　　　　　　　　　　　　　　　力阈值设置

图 5 - 28　优化结果对比

5.4　小结

民用飞机结构件高效精密数控加工建模与仿真已经成为切削加工刀具优化选择、切削加工工艺参数和加工路径优化、结构件加工表面质量和加工变形预测的重要技术,是数字化制造的核心组成部分。目前,商用的切削加工仿真软件已经比较成熟,如何更充分利用现有仿真软件工具,提升加工效率和加工质量,指导生产现场的切削加工工艺,已经成为提升民用飞机结构件制造水平的重要技术手段。

参考文献

［1］　蒋钰钢. 高速切削加工过程有限元仿真研究[D]. 济南:山东大学,2011.

［2］　王宝林. 钛合金 TC17 力学性能及其切削加工特性研究[D]. 济南:山东大学,2013.

［3］　Johnson G R, Cook W H. Fracture characteristics of three metals subjected to various strains, strain rates, temperatures and pressures[J]. Engineering Fracture Mechanics, 1985, 21(1): 31 - 48.

［4］　郭伟国. 高温分离式 Hopkinson 压杆技术及其应用[J].实验力学,2006,21(4): 447 - 453.

［5］　Pineau F, D'Amours G. Prediction of shear-related defect locations in semi-solid casting using numerical flow models[J]. Transactions of Nonferrous Metals Society of China, 2010, 20(S3): 878 - 882.

［6］　Dundur S T, Das N S. Slipline field modeling of orthogonal machining for a worn tool with elastic effects and adhesion friction at the contact regions [J]. Journal of Materials Processing Technology, 2009, 209(1): 18 - 25.

6 民用飞机结构件高效精密 数控加工检测设备及方法

随着民用飞机制造业的快速发展,考虑到民用飞机安全性、经济性等问题,整体结构件在新型民用飞机中的用量越来越大,结构件制造精度要求越来越高,飞机结构件数控加工质量和效率问题日益凸显,民用飞机制造业对数字化设计、制造和检测一体化的需求迫切[1]。检测技术是数控加工技术的重要组成部分,民用飞机关键部件的加工精度要求较高,在加工的各个阶段都需要对加工质量进行检测和控制。

目前民用飞机制造过程中,主要的检测方法分为手工检测、离线自动检测和在线检测等方法[2]。采用手工和离线检测方法,工件在机床和测量设备之间需多次装夹,增加了重复定位误差;对于具有尺寸大、壁板薄特点的结构件,在多次拆卸移动过程中易产生变形;对于多品种、小批量的零件,检测效率低,导致生产周期长。在线检测方法是在加工过程中保持零件在加工机床上进行检测,该技术把加工过程与检测过程结合起来,在加工飞机结构件等具有复杂空间结构和曲面时具有明显优势。在线检测方法能够有效解决多次重复装夹产生的定位误差,并减少多次安装导致零件变形,从而提高加工精度;加工和检测都在机床上进行,节省反复搬运和安装工件的时间,提高数控机床利用率,缩短产品生产周期;检测过程由数控程序自动控制,提高加工自动化程度,可以实现无人检测和加工。

目前,检测技术多种多样,其原理也各不相同。根据测量探头是否与零件表面接触,检测方法也可分为接触式检测与非接触式检测。接触式检测又可分为触发式和连续式;非接触式检测可分为主动检测和被动检测,其中主动检测包括 CT 检测、相位检测、光学三角检测、激光干涉检测等,而被动检测主要以双目立体视觉为主。

6.1 民用飞机结构件数控加工接触式在线检测技术

民用飞机结构件数控加工在线检测技术是在加工机床上装相应的测量头系统,完成加工前测量、加工循环中检测以及加工后检测等多种自动检测功能,实现数控机床工件坐标系自动调整、在线质量监控和在线检测,并通过误差补偿技术,修正系统的检测误差。

接触式在线检测利用数控机床的控制系统,控制测量头测量结构件,获取工件表面上测点的坐标信息,通信设备再把坐标信息传输到计算机上进行相应数据处理和误差补偿,进而判断工件几何尺寸是否合格[3]。其系统结构如图 6-1 所示。

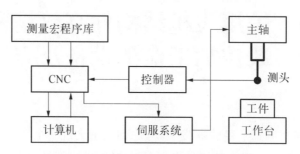

图 6-1　数控加工接触式在线检测系统

数控机床的接触式在线检测系统由软件和硬件组成,硬件由机床本体、数控系统、伺服系统和测量系统组成,软件部分由计算机辅助在线检测测量系统和相应的测量程序组成[4]。图 6-1 中,数控机床是实现在线检测的基础,其传动部件的精度直接影响加工、检测的精度;数控系统实现机床加工、检测和插补等功能的有效控制,它一般由中央处理储存器和输入输出接口组成;伺服系统用于实现数控机床进给位置伺服控制和主轴转速(或位置)控制,其性能是决定机床加工精度、测量精度、表面质量和生产效率的主要因素;测量系统是数控机床在线检测关键部分,其由接触式测头、信号传输系统和数据采集系统组成。软件主要指计算机辅助系统,实现测量数据采集和处理、检测数控程序生成、检测过程的仿真及与数控机床通信等功能。如图 6-2 所示为车削和铣削在线检测系统。

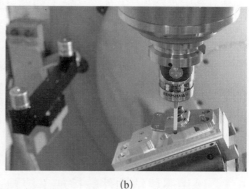

(a)　　　　　　　　　　　　　　　　　　(b)

图 6-2　接触式在线检测系统
(a) 车削　(b) 铣削

目前,美国 Boeing、德国 Senking-Werk、英国 Abbey Tool & Gauge 等公司都已经在数控加工过程中采用在线检测技术,大幅提高了工件精度,缩短了生产周期。国内航空制造业在线检测技术应用还相对落后,产品检测还是沿用传统的人工方式进行,仅在某些转包项目装配中使用了在线检测技术,如便携式测量手臂等,产品制造过程中往往只针对产品外形曲面、高精度尺寸和局部空间尺寸采用三坐标测量机(CMM)进行在线检测。国内主要的数控机床厂家都已在其生产的机床上配装在线测头。将来在线检测系统一定会得到更广泛的应用,系统的功能和用途也会不断完善和扩大。

6.2　非接触式在线检测技术

6.2.1　激光干涉检测

激光技术是在 20 世纪 60 年代发展起来的一种高新技术。由激光器、光学零件和光电器件所构成的检测系统,能将检测信号(如长度、流量、速度等)转换成电信号。因此从广义上讲,也可将激光检测装置看成一种传感器。激光干涉检测的基本工作原理就是光的干涉原理[5]。在实际长度(位置)检测中应用最广泛的是迈克尔孙双光束干涉系统。

激光干涉仪检测系统包括 PC 机、激光器(激光光源、干涉条纹接收器)、安装固定棱镜部件、温度补偿单元(包括压力、温度、湿度等传感器,利用传感器测出空气的温度、气压、湿度和被测对象的温度,输入干涉仪环境补偿表中即可)。此检测仪器还带有丰富的数据采集和数据分析软件包。可在采集数据后,直接得出检测和分析结果。实际检测装置示意如图 6-3 所示。

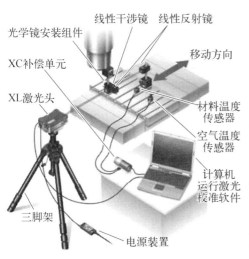

图 6-3　激光干涉仪检测

激光干涉仪以激光波长为已知长度,利用迈克尔孙干涉原理来测量数控机床的线性定位精度和重复定位精度、角度的俯仰和偏摆、直线度、垂直度、平面度以及旋转轴/工作台的定位角度[6]。测试时,使机床运动部件按照程序快速趋进目标位置,利用激光检测系统进行数据采集,并在检测位置停留足够时间,以便记录实际位置。激光检测系统可根据需要采集数据并进行分析,再计算出定位精度数据和绘出位置偏差图。

6.2.2 计算机层析成像技术检测

计算机层析成像技术(CT)是对产品实物经过 X 射线层析扫描后,获得一系列截面图像切片数据,由这些数据重建工件截面轮廓及其内部结构的完整信息,并可重构出工件的三维几何模型[7]。CT 扫描技术是无损检测的重要方法之一,特别适用于检测内部结构复杂的工件,广泛应用于航空制造等高端领域。

在加工航空复杂结构件时,对于结构较复杂的零件无法进行全方位的接触式在线检测或者光学检测,因此 CT 无损检测成为复杂航空结构件(涡轮等)内部结构检测的首选[8]。

CT 检测技术通过若干投影数据,利用重建算法获得试件截面图像。其检测过程不受零件材料、形状的限制,得到的 CT 图像不受其他区域干扰,在零件的 CT 图像上可以直观地进行尺寸测量。高质量的 CT 图像是高精度结构件尺寸测量的基础,采用不同测量方法对于测量结果的准确性同样有很大影响。

CT 检测系统主要由机械扫描子系统、射线源子系统、探测器子系统、数据采集子系统、图像子系统、计算机子系统等组成[9]。图 6-4 为 CT 检测系统基本结构。

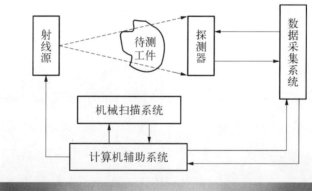

图 6-4　CT 检测系统

X 射线 CT 检测的基本流程为：首先,设置射线源的相应电压、电流参数使射线源发出相应能量的射线,射线穿过待测工件发生衰减,探测器探测到衰减后的射线,根据其强度不同转化为相应的电信号进行处理；然后,经数据采集系统的模/数(A/D)转化为数字形式的投影值,并传送给计算机,由计算机存储起来。通过控制扫描机构平移、转动,获得足够多的投影值；然后计算机系统根据采集模式的不同采用相应的图像重建算法重建断层图像,对所得图片进行相应的图像处理；最后对断层图像进行量化分析,得出被检测工件的内部缺陷情况,并把重建的断层图像存储归档[10]。

6.2.3 超声检测

超声无损检测是利用频率超过 20 kHz 的超声波射入被检测的工件,将超声波遇到缺陷时反射回来的波形与无缺陷反射的波形加以对比,探头接收从材料内部的反射波信号,以及声波通过材料之后的能量衰减等信号来判断,通过仪器的内部传感器和计算机的处理,分析信号的不连续程度、波形的幅度差异,便可以判断缺陷在工件中的深度、位置和形状等信息[11, 12]。

超声无损检测主要应用在金属、非金属以及复合材料的铸、锻、焊工艺的检测,检测工件内部的缩松、缩孔、焊接不充分、夹渣等缺陷和外部焊缝形状、裂纹等缺陷。超声无损检测穿透力强,能检测工件厚度,特别适合大型复杂结构件的检测。检测精度高,可以检测到极其微小的缺陷和细微的位置差异；响应快,能对缺陷进行很好的定位和测量；设备轻便,操作灵活,可以应用到多种环境；由于超声波是机械波,与电磁波不同,超声波对人体几乎没有伤害,不需要防护措施。但是超声无损检测由于波形复杂,对检验人员的素质要求较高,而且技术容易受到主客观因素的影响,有显示不直观等缺点。

复杂飞机结构件对厚度精度要求较高,因此在线实时测厚系统对保证加工质量有着重要的意义。在线超声测厚可以解决机械加工零件可加工性预测难度大、壁厚调整余量小、基准控制精确差的问题；并能有效克服人工测量工作量大、测量周期长、测量点分布稀疏等缺点[13]。

旋转超声厚度检测是采用螺旋线自动测厚。该测厚方式是车床以设定的旋转速度带动工件旋转,安装在车刀处的超声探头以设定的速度沿工件轴向移动,以螺旋线轨迹对工件外表面测厚,如图 6 - 5 所示。还需在工件上粘贴圆周零点标记,在床体上安装轴向起始检测开关和轴向结束检测开关。测量过程中,测厚仪主机实时检测零点标记、起始开关、结束开关,并根据工件旋转速度和探头轴向移动速度,将每个测厚值与工件上的测厚点位置一一对应。螺旋线检测轨迹如图 6 - 5 所示,该方式具有检测效率高、人工干预少的优点。

旋转壁厚检测装置分为 3 个部分,包括测量平台车床设备、超声信号测量装置及工控机数据处理系统。测量装置如图 6 - 6 所示,设计探头支架,与超声探头采用

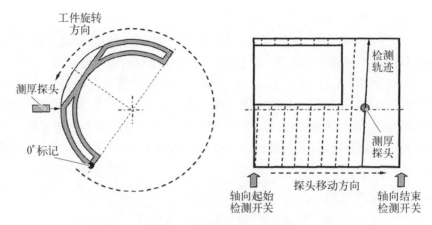

图 6-5　车削螺旋线自动测厚

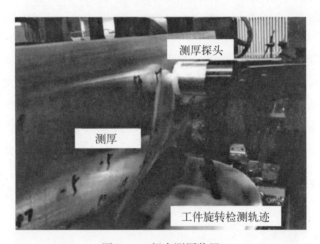

图 6-6　超声测厚装置

螺纹连接,探头支架后端设计为车刀刀柄形式,使用车刀固定方式固定在刀架上,通过探头支架上的微调方式对准工件回转轴心。采用循环乳化液的耦合方式,将超声信号数据传输到工控机上。

该超声自动检测系统利用加工设备作为测量平台,加工完成后即可在设备上进行检测,具备在线检测能力。通过在线壁厚测量的方式,实时掌握产品加工壁厚情况,从而更精确地调整精加工基准,提高基准精度,测量误差为 0.02 mm。通过自动测量的方式进行壁厚测量,测量及数据处理速度快,可有效提高加工效率及质量,测量效率提高 50% 以上。

6.3　小结

民用飞机结构件数控加工检测技术是数控加工技术的重要组成,也是民用飞机制造技术成熟度和技术水平的重要体现。在线检测技术已成为飞机结构件数控加工检测技术的主要发展趋势,这种检测技术不仅满足大型飞机结构件快速高精度测量的要求,而且避免多次重复装夹造成的误差和变形,对提高飞机结构件生产效率和加工质量具有重要意义。在未来的民用飞机结构件数控加工技术中,通过数字化和智能化技术不断提高加工自动化水平,最终将实现无人操控和无人工厂,而在线自动检测技术将是实现无人工厂的核心关键技术。

参考文献

[1]　胡问鸣.世界民用飞机工业概览(精)[M].北京:航空工业出版社,2008.

[2]　冯子明.基于三维模型的飞机数字化快速检测技术研究[J].航空制造技术,2011(21):24-27.

[3]　鲍晟,冯平法,崔雅文,等.在线检测技术在飞机结构件检测中的应用[J].微计算机信息,2010,26(9):1-2.

[4]　隋少春,楚王伟,李卫东.数控加工在线测量技术应用探讨[J].航空制造技术,2010(22):44-46.

[5]　程志,张翔.激光干涉仪在数控机床维修中的应用研究[J].航空制造技术,2014,455(z1):134-136.

[6]　吴健,贺联合,彭仁军.干涉仪激光成像原理及实验[J].电子科技大学学报,1999,28(4):419-422.

[7]　刘超,王理,昌明,等.超声计算机层析成像技术[J].北京生物医学工程,2002,21(2):152-155.

[8]　程云勇,张定华,毛海鹏,等.一种基于工业CT的航空发动机涡轮叶片生产检测系统关键技术研究[J].制造技术与机床,2004(1):27-30.

[9]　程云勇,张定华,赵歆波,等.涡轮叶片锥束体积CT检测系统软件原型[J].中国机械工程,2005,16(20):1835-1839.

[10]　杨凤民.工业用X-CT检测技术[J].铸造设备与研究,2001,21(4):30-31.

[11]　张旭辉,马宏伟.超声无损检测技术的现状和发展趋势[J].机械制造,2002,40(7):24-26.

[12]　王文浩.浅谈超声无损检测的发展趋势[J].化学工程与装备,2013(5):164-166.

[13]　江浩,刘京州,江立新.精密小口径管高精度超声自动测厚[J].无损检测,1999(1):21-23.

7 民用飞机整体壁板与整体框类零件高效精密数控加工关键技术

　　整体壁板和整体框类零件是典型的整体薄壁结构件,也是飞机主承力结构件[1](见图7-1)。对于大尺寸、结构复杂、形状精度要求很高的大型航空航天整体结构零件,尽管我国花费巨资引进了大量的先进制造装备,而且在设备的先进性和自动化水平上目前与发达国家基本相当,但由于我国长期忽视工艺基础理论和加工技术的研究和积累,导致高端数控设备不能发挥优势,加工效率低。因此,如何在要求的生产周期内,提高整体结构件加工生产效率及加工质量,成为衡量飞机零件数控加工技术水平高低的重要因素。

图7-1　飞机整体壁板和整体框类零件

7.1　高速加工技术

　　高效加工是以高速加工技术和切削工艺优化相结合的新工艺,是加工大型航空整体结构件的关键技术[2],如图7-2所示。

　　大型航空整体结构件刚性差,切削力、切削热及切削振动等均容易导致零件变形,降低加工精度和加工表面质量。大型客机的带筋整体壁板、整体框、整体肋等均为复杂形状整体结构件,对高效加工系统提出了更高的要求,如图7-3所示。

　　高速切削作为一项全新的共性基础技术,已经成为现代切削加工技术的重要发展方向,具有广阔的市场应用前景。高速切削技术具有高生产效率、加工精度、表面质量和低生产成本等优点,在航空航天领域得到越来越广泛的应用,高速铣削在薄壁零件和大型整体结构件的加工中具有不可动摇的技术优势[3]。

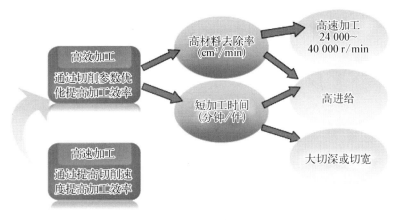

图 7-2　高效加工与高速加工技术

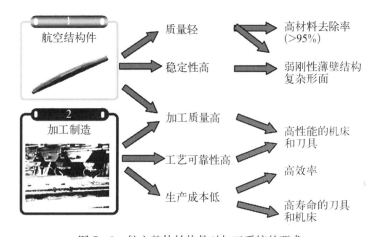

图 7-3　航空整体结构件对加工系统的要求

7.1.1　高速加工技术特点

高速切削加工的概念来源于切削物理学家 Carl Salomon 博士,他于 1929 年进行了高速切削试验,1931 年 4 月发表了著名的高速切削理论,提出了高速切削假设[4]。他指出:在常规的切削速度范围内,切削温度随着切削速度的增大而提高。对于每一种材料,存在一个速度范围,在这个范围内,由于切削温度太高,刀具无法承受,切削加工不可能进行。但是,当切削速度再增大,超过这个速度范围后,切削温度反而降低。同时,切削力也会大幅度下降,如图 7-4 所示。

高速切削技术综合刀具、工件、加工工艺、机床以及监控测试技术成为一项完整的技术体系(见图 7-5)。高速切削加工具有以下特点[3]:

(1) 切削力随着切削速度的提高而下降;

(2) 切削产生的热量绝大部分被切屑带走;

(3) 加工表面质量提高;

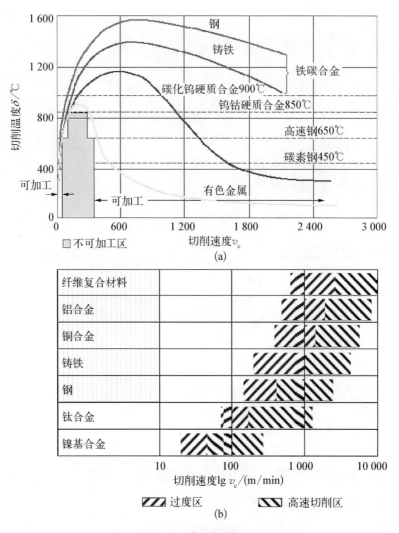

图 7-4 高速切削理论

（4）在高速切削范围内机床的激振频率远离工艺系统的固有频率范围。

以上特点有利于提高生产效率，改善工件的加工精度和表面质量，减小工件变形；有利于加工薄壁零件和脆性材料，可替代其他加工工艺（如磨削），减少手工抛光，获得显著的经济效益。

目前，航空制造业（尤其是大型整体铝合金薄壁结构件的加工）、模具制造业、汽车制造业等行业均已积极采用高速切削加工技术[5]（见表 7-1）。传统切削工艺能够加工的工件材料高速切削几乎都能加工，而传统切削工艺很难加工的工件材料（如镍基合金、钛合金、复合材料等）在高速切削条件下将变得易于切削。常用工件材料的高速切削速度范围如图 7-6 所示。

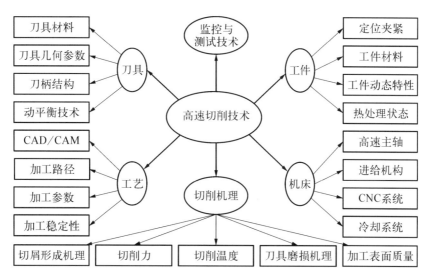

图 7-5　高速切削技术体系

表 7-1　高速切削的应用领域

特　性	应用领域	举　例
切削效率高	轻金属、高温合金、钛合金	航空航天
	钢及铸件	刀具和模具制造
表面质量好	精加工	光学及微细机械零件
	特殊工件	螺旋压缩机
切削力小	薄壁件	航空航天、汽车、手机外壳
激励频率高	复杂工件的无振动加工	精密元件和光学器件
切屑排热	非延迟加工	精密件
	冷工件	镁合金

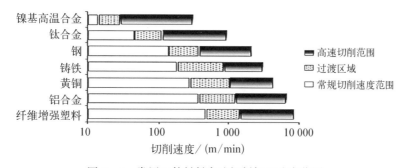

图 7-6　常用工件材料高速切削加工速度范围

7.1.2　高速加工技术在飞机结构件加工中的应用

国外的高速切削技术研究一直得到政府有关部门尤其是国防部门和企业的大力支持,例如美国空军在 1979 年就耗巨资委托 GE 公司和洛克希德公司等开展先进加工研究计划,研究镍基合金、钛合金和黑色金属的高速切削问题;达索公司和波音公司等相继引进了高速铣削机床;波音公司每年切削加工所产生的铝合金切屑的重量就高达 1.5 万吨,其飞机整体框架、大梁、缘条以及壁板(钛合金、铝合金)现均采用高速铣削加工技术,使生产效率和产品质量都大大提高[6]。波音公司加工 C-17 的铝合金整体机翼框是目前最大的整体结构件之一,从 4 t 重的毛坯到 147 kg 的最终零件,仅耗时 100 h。Wichita 军机制造分部配有法国 Forest Line 公司 43 m×3 m×2 m 高架三龙门五坐标 Minumanc 30TH 数控铣床,其主轴转速 12 000 r/min,主轴功率 24 kW,进给速度达 20 m/min。英国航宇(Bae)、德国汉堡 DASA 公司以及 Remele 公司等都配有数量不等的法国 Forest Line 公司的高速五坐标龙门铣床。加工铝合金结构件的最高切削速度达 7 500 m/min,通过高速加工能准确而稳定地完成 0.25 mm 厚度的薄壁零件加工。目前铝合金的高速切削加工指标:主轴转速 10 000～35 000 r/min,进给速度 10～20 m/min,切削速度 1 500～6 000 m/min,材料切除率高达 6 000～8 000 cm³/min。

我国在飞机整体薄壁结构件的制造方面,沿用传统的铝合金零件加工编程方法,部分技术人员习惯采用原有切削工艺与主轴转速进行加工。近年来我国飞机制造业发展较快,设备的先进性与自动化水平已经与发达国家基本相当。但是,在很多情况下,由于缺乏高速加工技术的支撑,部分高速数控机床仍按普通机床一样使用,没有发挥出潜在高速、高效、高精度的生产能力,部分数控机床的转速和进给速度仅利用了 20%～30%。与发达国家应用情况相比还有一定的差距,如表 7-2 所示。

表 7-2　国内外飞机制造对比

	航空铝合金		航空钛合金		刀　具	
	切削速度 /(m/min)	进给速度 /(m/min)	切削速度 /(m/min)	进给速度 /(m/min)	刀具材料	专用化
国内	300～1 500	2～7	20～40	50～250	高速钢、硬质合金	多用标准化刀具
国外	1 000～2 500	5～12	40～180	200～1 200	硬质合金	根据材料特性和零件特征选用专用刀具

7.2　高速加工工艺优化

高速加工工艺优化涉及一系列关键技术,包括高效加工专用刀具设计及制造技术、航空用先进材料切削加工性能评价技术、切削加工系统(机床-刀具-夹具-加工工件)匹配技术、高效加工工艺参数及走刀策略优化技术[7]。为实现最优高效数控铣削,这些技术环节的研究与控制必须从整体上把握,采用基础理论研究与基础技术研究、物理建模仿真研究与实验验证、切削机理研究与关键工艺技术应用研究、单件试制与批量生产工艺相结合的方法。航空整体结构件高效加工以加工质量、加工效率和生产成本作为优化目标,如图7-7所示。

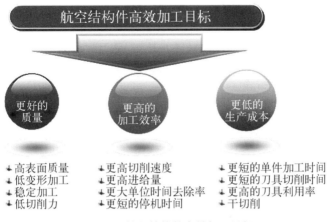

图7-7　航空结构件高效加工目标

　　如图7-8所示,高效切削加工工艺参数优化中将切削速度、进给速度(f)、切削深度、切削宽度等作为主要优化变量。切削加工系统性能参数,如机床功率、刀具寿命、切削加工稳定性和加工质量要求等构成目标优化的约束域。根据不同的加工工序确定优化目标,粗加工需要获得较高的材料去除率(MRR),因此材料去除率成为粗加工工序的主要优化目标。粗加工工序的主要约束域由切削加工稳定性、机床功率和扭矩、刀具寿命等构成。精加工需要满足零件设计精度、尺寸公差和表面质量要求,因此在保证加工零件满足设计要求的条件下获得较高的加工效率成为精加工工序的主要优化目标。精加工工序的主要约束域由加工精度、加工表面质量、切削加工稳定性和机床主轴转速等性能构成。由于精加工工序加工余量较小,机床功率和扭矩一般情况下不作为约束域中的约束条件。可见,高效加工工艺优化是一

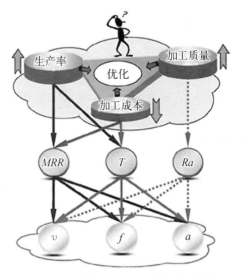

图7-8　高效加工技术工艺优化示意图

(MRR 为材料去除率;T 为加工时间;Ra 为表面粗糙度;v 为切削速度;f 为进给速度;a 为切削深度)

个典型的多约束优化问题。上海交通大学提出把多约束理论(物理约束和几何约束等)应用于金属切削加工工艺优化,深入研究了金属切削过程中各种约束对加工工艺的影响。由于航空整体结构件具有材料去除量大,零件结构多为弱刚性薄壁结构,高强度难加工材料应用广泛等特征,因此航空整体结构件的高效切削加工工艺优化以切削力和切削加工稳定性为主要约束条件,在满足机床性能约束和零件设计要求等条件下,实现最大的切削加工效率。

7.2.1　加工工艺参数优化策略

提高生产效率、降低生产成本和提升产品质量是制造业持续追求的三个目标,处于领先地位的制造业强国一直致力于提升自己的制造水平来实现上述目标。对于由机床、被加工材料、装夹系统、刀具和加工工艺所组成的切削加工系统,进行优化升级是实现提高生产效率、降低生产成本、提升产品质量的根本途径。切削加工工艺作为切削加工系统中软件部分,在实现切削加工系统优化升级过程中成本相对较低,易于操作,如图7-9所示。相对而言,要实现切削加工系统中夹具和机床的优化升级,则需要投入大量资金,耗费大量时间。因此,在加工系统硬件组成部分能够满足生产需求的条件下,首先考虑通过优化加工工艺来实现提高生产效率、降低生产成本、提升产品质量的目标。高效切削加工技术以获得最大材料去除率为目标,兼顾加工成本和加工质量,对于企业提高生产率、降低加工成本具有重要的现实意义[8]。

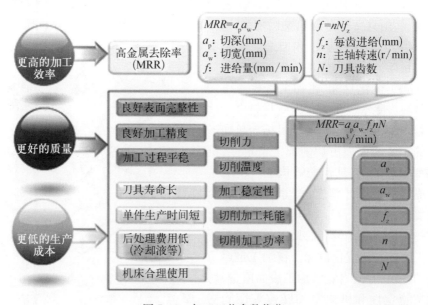

图7-9　加工工艺参数优化

在刀具材料及其几何参数选定后,切削用量是影响刀具寿命的一个决定性因素,选择合理的切削用量可以提高刀具的寿命,发挥刀具的最佳潜能。

1) 切削参数优化三要素

图 7-10 所示为切削参数优化的基本要素,即切削用量三要素:切削速度、进给量和切削深度。任何形式的参数优化最终都是以切削用量的优化为其自变量的。

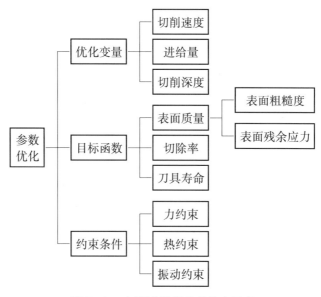

图 7-10 切削参数优化的基本要素

2) 切削参数优化目标

优化目标函数主要指表面质量、材料切除率和刀具寿命,其中已加工表面质量主要指两方面:一是表面粗糙度,二是表面层残余应力的性质及其大小;目标函数的另一个指标就是材料切除率,也就是加工效率,无论是粗加工还是精加工,材料切除率都是必不可少的,尤其是粗加工时考察的最主要指标;另外,刀具寿命也被确定为目标函数之一,是因为刀具寿命的长短与加工成本紧密相关,与自动化生产线的生产节拍息息相关,尤其是在高度自动化的现代化生产线上,对每一道工序的换刀周期都会有明确的界定,而换刀周期是以刀具寿命为基准的,因此刀具寿命的长短直接影响了生产节奏,刀具寿命的设计必须满足生产线的节拍要求。

3) 切削参数优化约束条件

切削参数的变化必须在由约束条件构造的约束域内进行,这里的约束条件主要是指力约束、热约束和振动约束三个方面。当切削力超出刀具许用应力时,就有可能发生裂纹、剥落甚至断裂。同样,当切削温度过高时,会造成刀具硬度的下降甚至是热软化,也会使工件表面层金属的金相组织产生变化,使表面质量恶化。另外,有时切削过程中产生的静态切削力和热等现象可能并不严重,但只因产生了振荡剧烈的动态切削力而造成严重的颤振现象,会在工件表面形成较规则的振纹,切削颤振在较严重时还会造成刀具寿命的严重降低,甚至使机床主轴精度受损,无形中会增加刀具的采购成本和机床的维护费用。因此,切削稳定性分析在参数优化过程中是极易被忽视的一个要素,但同时又是切削过程中客观存在的必不可少的约束条件之一。

以上分析只涉及切削加工时的优化问题,而没有涉及辅助时间如换刀时间和装夹时间等。采用复合刀具可明显减少换刀时间还可显著提升加工质量和减少装夹的次数,生产中尽量一次装夹多次加工,可以带来加工效率和加工质量同时提升的"双赢"效果。

"高转速、高进给速度、小进给量、小切削深度"是高速铣削时选用工艺参数的基本原则。一般情况下,根据所加工零件结构特征和加工中心性能,对于航空铝合金整体框和整体壁板类零件,刀具选型和加工参数的选定遵循下列原则:首先尽可能选用硬质合金刀具进行加工,粗加工以可转位刀具为主以获得较高的材料去除率,精加工以整体硬质合金刀具为主以获得较高的加工精度。根据机床最大转速的 70%～90%确定加工时所使用的主轴转速,以获得能够满足高速加工的切削速度,硬质合金刀具切削速度控制在 1 500 m/min 以下。其次选择进给速度,粗加工取每齿进给量为 0.2～0.3 mm,精加工取每齿进给量 0.13～0.15 mm。最后按照加工特征和加工余量要求选用切深和切宽,参考切削实验数据,以获得最大的材料去除率。

上述参数是针对一般情况下的方肩铣和平面铣削而言,而对于插铣和快进给加工需要根据具体情况确定参数。根据切削参数和刀具寿命的关系,如图 7-11 所示,切削速度对刀具寿命影响最大,进给速度次之,切削深度对刀具寿命的影响最小。

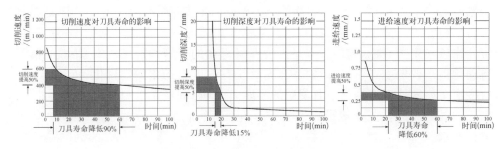

图 7-11　切削参数对刀具寿命的影响

7.2.2　走刀路径优化策略

不同刀具走刀路径对弱刚度结构件加工残余应力的产生和分布趋势将产生不同的作用效果。对于薄壁框体零件的加工,加工路径的选择应使被加工材料尽可能对称分布,以达到减小加工变形的效果[9]。充分利用薄壁零件未加工部分的刚性,有效控制薄壁的加工变形,提高加工精度。

对航空薄壁件圆角加工时欠切、过切、振动等现象,细化圆角走刀路径是可行的方法[10]。

1) 顺铣和逆铣

顺铣时切削厚度是由大到小逐渐变化的,刀齿在切削表面上的滑动距离比逆铣长。逆铣时切削厚度是由小到大逐渐变化的,当刀齿刚与工件接触时,切削厚度为零,只有当刀齿切削厚度达到一定数值后,才真正开始切削。

逆铣时,由于铣刀作用在工件上的水平切削力方向与工件进给运动方向相反,所以工作台丝杆与螺母能始终保持螺纹的一个侧面紧密贴合。而顺铣时则不然,由于水平铣削力的方向与工件进给运动方向一致,当刀齿对工件的作用力较大时,由于工作台丝杆与螺母间间隙的存在,工作台会产生窜动,这样不仅破坏了切削过程的平稳性,影响工件的加工质量,而且严重时会损坏刀具。

逆铣时,由于刀齿与工件间的挤压摩擦作用较大,因此已加工表面的加工硬化现象较严重。顺铣时,刀齿每次都是由工件表面开始切削,所以不宜用来加工有硬皮的工件。顺铣时的平均切削厚度大,切削变形较小,与逆铣相比较功率消耗要少些。

顺铣和逆铣时切削力的方向和大小均有差别,对薄壁加工变形影响非常大。在梁缘条粗加工过程中根据需要混合使用这两种铣削方式,可以省去机床动力头来回的空载时间,提高效率。在精加工过程,当不影响变形时,使用顺铣进行加工,可以提高加工表面质量[11]。

2) 加工路径选择

为了能达到最佳的加工效果,需要有优化的路径规划,以高速铣削加工为例,现在惯用铣削方式以直线式刀具路径为主流,常见的加工模式有以下两种:以超高切削速度与进给速率搭配浅切削深度进行槽铣和以大切削深度为主搭配微小的切削宽度进行侧铣加工[12]。这两种模式适用于各种刀具与工件材料组合,直线式刀具路径的切削参数优化技术发展相当成熟。然而,直线式路径的切削模式最大的问题在于刀具与材料界面的高频率剪切变形作用以及摩擦作用会引发切削热快速上升,严重缩短刀具寿命。

在实际零件的刀具切削路径规划中,应尽可能地满足下述条件:切削负荷必须在刀具的极限负荷之内;残留材料不能大于设计极限;应避免材料切除率的突然变化;切削速度和加速度必须在机床能力范围内;切削方向(顺铣/逆铣)应保持恒定;应避免切削方向的突然变化;尽量减少空程移动;切削时间应减少到最短。

规划的刀具路径应是:进刀时采用螺旋或圆弧进刀,使刀具逐渐切入零件,以保证切削力不发生突变,延长刀具寿命;无不连续和突变的切削速度,使切削连续平稳;切削时使用顺铣使切削过程稳定,不易过切,刀具磨损小,表面质量好;采用小的轴向切深以保证小的切削力、少的切削热和排屑的顺畅;无切削方向突变即刀具轨迹是无尖角的,普通加工轨迹的尖角处用圆弧或其他曲线来取代,从而保证切削方向的变化是渐变的而不是突变的。

7.2.3　整体薄壁框体和壁板刀具路径规划

对于整体薄壁框体和壁板,根据其不同的特征,需要确定不同的刀具路径。肋和腹板是整体薄壁框体和壁板最常见的特征[13]。

1）肋加工

肋加工时,一般采用分层对称铣削方法,以未加工材料互为支撑,增加刚性,避免加工振动,如图 7 - 12 所示。

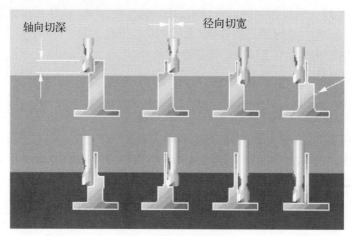

图 7 - 12　肋分层对称铣削

2）腹板加工

腹板加工时,一般采用中心向外对称铣削方法,以未加工材料互为支撑,增加刚性,避免加工振动,如图 7 - 13 所示。

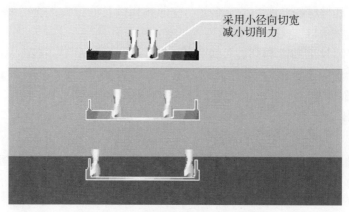

图 7 - 13　腹板中心向外对称铣削

7.3　应用案例

梁间整体肋系列零件是飞机水平尾翼重要的承力部件,属于典型的航空薄壁框体类零件。梁间整体肋系列零件所用材料为铝合金 7075,属于 Al - Zn - Mg - Cu 系铝合金的一种,在各类铝合金中,该牌号铝合金强度和硬度较高,属于高强度的热处理强化合金。该材料经过固溶热处理再进行时效,在固溶热处理后,为获取某些重要特性,在人工时效时,强度在时效曲线上越过了最高峰点,以达到规定的力学性能和抗应力腐蚀性能指标。

7.3.1　改进前加工现状

梁间整体肋系列零件加工分为粗加工和精加工两部分,分别在两台不同机床上进行,其中典型零件 182A5305 粗加工和精加工加工时间达到 3 h 以上。梁间整体肋系列典型零件 182A5305 如图 7 - 14 所示。

图 7 - 14　梁间整体肋系列典型零件 182A5305 示意图

改进前加工现状分析,主要存在以下的一些不足:

1) 刀具方面

在加工梁间整体肋系列典型零件中,原先采用的刀具大部分为普通高速钢刀具。这是一种加入了较多的钨、钼、钒等合金元素的高合金工具钢。具有高强度(抗弯强度为一般硬质合金的 2~3 倍)和韧性,具有一定的硬度(63~70 HRC)和耐磨性。高速钢热稳定性不好,只能在 500~650℃铣削,温度继续增加时,刀具发生严重磨损失效。高速钢加工铝合金效率较低,铣削速度一般不超过 300 m/min,但是由于高速钢成本低廉,其抗冲击性和强度均比硬质合金要高很多,所以仍广泛使用在铝合金的加工中。

高速钢刀具在一些铝合金粗加工场合性价比与硬质合金刀具相比具有优势,但是在其使用上需要倾注更多的关注,在选择刀具几何形状、切削参数上需要谨慎把握。而以上两方面却正是改进前加工中没有足够关心的地方,从而导致了加工现场效率较低。

2) 切削用量方面

部分切削参数的设定存在缺陷,在粗加工中主要表现在刀具和参数的匹配性差,导致机床振动现象严重,因而进一步提高参数来提升加工效率的空间已经没有了。而在精加工中,较多工序存在加工速度低下的问题,使得高速钢刀具在其中的使用显得"恰如其分",因为在这样的低速低进给情况下,硬质合金刀具使用反而受到限制。可见,在切削用量方面,部分工序的刀具和参数匹配失当限制了效率的提升。

3) 工序复合方面

工序复合必须选择不同的加工策略,采用复合刀具可以一次完成不同加工工序任务,从而大幅度提高生产效率。复合工序加工可以节省换刀库的空间。例如,一把能完成 5 个加工工序的复合刀具,能省出 4 个刀位。节省出来的刀位能用来夹持那些需要许多加工工序的不同刀具。工序复合消除了无价值的换刀时间。例如,在梁间整体肋系列零件中,存在两个工艺定位孔需要先钻后铰,由于孔加工精度要求不高,因此完全可以考虑使用钻铰刀来一次完成加工,以达到高效加工目的。

总的来说,改进前的加工状况已经将普通高速钢刀具提高生产效率方面优势提到了极限,如果需要进一步的提高生产效率,就需要在刀具材料、切削参数匹配以及工序复合方面进行进一步挖掘。

7.3.2　工艺优化分析

梁间整体肋系列零件加工分为粗、精加工两个环节。粗加工过程中在实现生产效率提高的前提下,适当地增大切削力不会导致零件的变形;比较而言在精加工时,必须考虑到在提高材料去除率的同时要保证零件的表面质量以及变形控制问题,因此原则上不允许增大切削力。可见梁间整体肋高效加工的基本思想是:粗加工时在机床允许的转速范围内,采用优化的刀具适当地提高进给量来提高生产效率;而精加工则是在机床的转速范围内采用优化的刀具适当地提高机床的转速以及在保证加工质量的前提下加大进给以实现高效加工的目的。

针对梁间整体肋均采用铣削加工方式的特点,必须建立相应的铣削力模型来分析每一道工序的铣削力大小以及影响。由于粗加工关心的是材料去除率,框架变形可以适当控制以便在精加工中得到修正,因此粗加工主要是应用高效加工策略,研究的技术指标是切削力、切削功率以及材料去除率。下面介绍梁间整体肋典型零件 182A5303 - 3 以及 182A5701 - 4 的粗加工过程中各主要改进工序前后切削力以及因工艺改变而派生出的其他几个重要参数的变化情况,通过结合有限元计算结果可以对比出原方案与改进方案的优劣,有限元仿真模型示意如图 7 - 15 所示。

1) 梁间整体肋 182A5303 - 3

(1) 铣五框上部及翻身 Z 向基准。

本工序的加工位置如图 7 - 16 所示,改进前后刀具参数和切削用量的对比如表 7 - 3 所示。

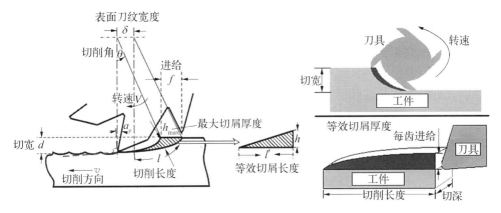

图 7 - 15　铣削加工有限元仿真模型

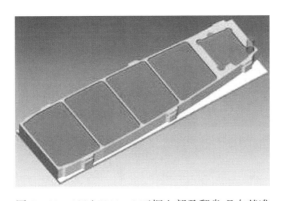

图 7 - 16　182A5303 - 3 五框上部及翻身 Z 向基准

表 7 - 3　改进前后的刀具参数和切削用量

加工工艺参数	原　方　案	改　进　方　案
刀具 型号	整体高速钢铣刀 $\phi36\times55\times R3.2\times2F\times132\times\phi32$	TiB$_2$涂层可转位硬质合金铣刀 $\phi32\times50\times R1.6\times4F\times110\times\phi32$
外径/mm	36	32
转速/(r/min)	3 400	4 000
进给/(mm/min)	1 000	2 000
切宽/mm	30	20
切深/mm	10	12
材料去除率/(cm^3/min)	300	480
备注	机床最大转速 5 000 r/min	

（2）铣外型、内型。

本工序的加工过程及位置示意和现场试切如图 7 - 17 所示，改进前后刀具参数和切削用量的对比如表 7 - 4 所示。

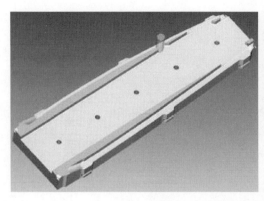

图 7 - 17   182A5303 - 3 外型轮廓

表 7 - 4   改进前后的刀具参数和切削用量

加工工艺参数	原 方 案	改 进 方 案
刀具 型号	整体高速钢铣刀 $\phi36\times55\times R3.2\times2F\times132\times\phi32$	TiB_2涂层可转位硬质合金铣刀 $\phi40\times50\times R1.6\times4F\times110\times\phi32$
外径/mm	36	40
转速/(r/min)	3 400	4 000
进给/(mm/min)	1 000	2 500
切宽/mm	30	25
切深/mm	10	12
材料去除率/(cm³/min)	300	750
备注	机床最大转速 5 000 r/min	

2）梁间整体肋 182A5701 - 4

（1）铣内槽。

本工序的加工过程及位置示意和现场试切如图 7 - 18 所示，改进前后刀具参数和切削用量的对比如表 7 - 5 表示。

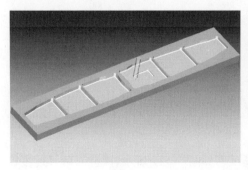

图 7 - 18   182A5701 - 4 铣内槽

表 7 - 5　改进前后的刀具参数和切削用量

加工工艺参数	原　方　案	改　进　方　案
刀具 型号	整体高速钢立铣刀 $\phi16\times32\times R3\times3F\times92\times\phi16$	整体硬质合金立铣刀 $\phi16\times32\times R0.5\times3F\times92\times\phi16$
外径/mm	16	16
转速/(r/min)	3 000	4 000
进给/(mm/min)	1 000	1 800
切宽/mm	8	10
切深/mm	6	6
材料去除率/(cm³/min)	48	108
备注	机床最大转速 5 000 r/min	

（2）铣端面及纵向外型。

本工序的加工过程及位置示意如图 7 - 19 所示，改进前后刀具参数和切削用量的对比如表 7 - 6 所示。

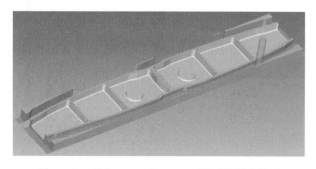

图 7 - 19　粗加工 182A5701 - 4 端面及纵向外型

表 7 - 6　改进前后的刀具参数和切削用量

加工工艺参数	原　方　案	改　进　方　案
刀具 型号	整体高速钢立铣刀 $\phi20\times38\times R3\times3F\times104\times\phi20$	整体硬质合金立铣刀 $\phi20\times38\times R0.5\times3F\times104\times\phi20$
外径/mm	20	20
转速/(r/min)	3 000	4 000
进给/(mm/min)	1 000	1 800
切宽/mm	20	20
切深/mm	8	8
材料去除率/(cm³/min)	160	288
备注	机床最大转速 5 000 r/min	

7.3.3　加工变形仿真预测及控制

框体薄壁结构零件主要由侧壁和腹板构成不同的小框体,再由若干小框体组成一个整体结构零件。其结构相对简洁,型腔较深。如图 7-20 所示为梁间整体肋结构,其材料为 7075 铝合金。该框体结构的侧壁精加工后的厚度仅为 1～1.5 mm,型腔深度为 16 mm。

图 7-20　某框体几何模型

关于该框体零件几何模型的建立,考虑到既要达到计算、分析的精度,又要兼顾工程计算的简便、清晰,可将该框体零件的几何模型简化为侧壁框体结构。对于侧壁几何模型的建立,考虑到单边筋条与多边框体,以及一次铣削与分层铣削等方面的不同分别分析。图 7-20 是某框体的几何模型,由于筋条结构的存在所以侧壁靠筋条部位的变形可以认为是零,因此将此框体简化为图 7-21,并对简化后的模型两端施加全约束以模拟筋条,此种建模方法广泛应用于各种结构的框体薄壁结构件的加工变形分析。

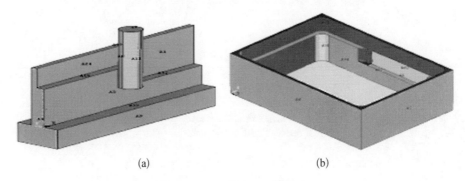

(a)　　　　　　　　　　　　　　(b)

图 7-21　框体特征几何模型
(a) 薄壁零件的单边多层切削　(b) 薄壁零件的多边多层切削

数控加工薄壁零件时,工件因刚度不足而引起的变形是影响尺寸精度的主要因素。薄壁框类零件加工简化示意如图 7-22 所示。使用立铣刀铣削薄壁面 AB,应该切除阴影部分 $ABDC$,但是由于切削力的作用使薄壁件产生弹性变形,A、C 两

点分别移到 A'、C' 两点，假设刀具刚度远大于薄壁件的刚度，则刀具仅切除 $A'BDC$ 部分的材料。走刀过后薄壁弹性恢复，残留 CDC' 部分材料未被切除，造成了壁厚加工误差，因此薄壁件壁厚加工误差主要是由于让刀所致。由此提出薄壁件加工变形控制的思路，即通过有限元分析计算出薄壁的变形量，再由数控加工补偿的办法将残留部分的材料切除掉。侧壁弹性恢复后，工件壁厚正好达到公差要求。

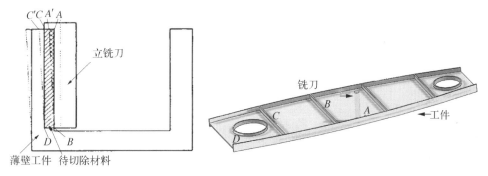

图 7-22　薄壁件加工示意图　　　　图 7-23　零件加工建模

在切削力模型和几何模型建立以后，通过有限元软件（ABAQUS/Standard），在几何模型上添加必要的负载和约束，赋予工件和刀具正确的材料物理特性参数，即可计算分析加工变形的大小和变化趋势[14]。由于航空薄壁结构零件类别众多，虽然经简化为侧壁结构，但是由于刀具选择、走刀方式、切削参数、工件材料和几何结构等方面的不同，在进行加工变形分析时需要不同的几何模型与之匹配[15]。下面是精加工整体肋零件 182A5305-3 内型侧壁不同厚度侧壁和筋条进行改进工序前后的加工变形分析和对比。

图 7-23 为所要加工的框体结构零件梁间整体肋，侧壁和筋条的厚度有加工精度要求，在加工变形分析中考虑的主要是将侧壁和筋条分别从精加工余量一次加工到最终尺寸的情况，轴向分两次均匀进刀。根据薄壁厚度的差异，选取了 4 个具有代表性的点对两类刀具做计算对比：A 是中间框侧壁的中点，B 是左起第三框左筋条的中点，C 是左起第二框左筋条的中点，D 是左框边缘点；各点处的最终壁厚、壁长以及精加工余量如表 7-7 所示。

表 7-7　分析点处的壁厚和壁长

位　　置	A	B	C	D
壁厚/mm	1.19	1.12	1.45	1.94
长度/mm	208	326	296	209（单边悬空）
余量/mm	0.3	0.3	0.3	0.3

这4点分别代表了不同的薄壁厚度和长度。切削参数为径向切深1.5 mm,轴向切深16 mm,两次走刀;进给量2 340 mm/min,每齿进给量0.12 mm;机床转速为6 500 r/min,刀具为12 mm硬质合金无涂层高速槽形三齿整体式立铣刀。

对该矩形框体结构零件的加工变形进行有限元分析,主要包括几何建模、设置材料特性、单元网格划分、力及约束的加载等。具体步骤如下:

(1) 几何建模。根据所要加工试件的几何形状建立模型,需要考虑走刀方式、加工部位、已加工部分及未加工部分的尺寸等方面。

(2) 设置几何模型的材料特性。给出几何模型的各项参数,如材料的弹性模量、泊松比、密度等。分析的材料为AA7075铝合金,工件材料的弹性模量E为71 GPa,泊松比ν为0.33,密度ρ为2.82 g/mm³。

(3) 单元网格划分。在有限元软件中,可以选用的单元体类型较多,对于本试件的有限元分析,运用ABAQUS/Standard,选择的单元类型为8节点方形线性减缩积分沙漏控制元素C3D8R。通常单元划分密度越大,分析的结果越精确。但对于一个复杂的零件,必然会增加计算量和计算时间。因此,单元网格的划分密度可根据实际需要来选择。对于本试件,则采用局部单元格细化方法实现较为精确的计算。

(4) 力及约束的加载。根据实际装夹状况,给几何模型赋加必要的约束。由所提供的切削用量,根据切削力模型求出切削力的大小和分布,并赋给几何模型(刀具与工件的接触面或简化后的接触线和接触点等)。因此,力的加载位置可以选择在节点,也可以选择在关键点。

建立完成的有限元网格模型如图7-24所示,变形的数据输出位置如图(a)部分的圆形区域所示,方向从上往下。

在完成了以上各个步骤以后,执行计算模块,即可得到薄壁框体零件的侧壁和筋条铣削加工变形示意图7-25;为了方便分析加工变形的具体性质和刀具性能,同时输出刀具工件接触点节点变形从上到下的曲线以及两种刀具的对应节点变形对比。

(1) 位置A:图7-26是薄壁位置A在5305整体肋零件中的位置。图7-27是位置A在两次走刀加工过程中的计算机模拟薄壁让刀云图。

从图7-27可以看出,第一次走刀由于被加工部位刚性较差,薄壁顶部的让刀现象最为严重,往下逐渐减小;第二次走刀虽然切深较第一次的8 mm大了2 mm,但是由于薄壁底部的刚性较好,因此加工部位的让刀明显小很多。图7-28是对让刀距离,即加工后的变形偏差的数据整理,从两条曲线位置可以对工艺变更前后薄壁变形更方便地进行比较。

图7-29的柱状图反映了工艺改变前后每次走刀的最大变形位置的偏差绝对值比较,可见工艺改进后由于切削力在三个方向上重新分配了,径向力的减小导致精加工变形量的减小;而且通过以下比较还可以得出一个结论,就是薄壁件分多次

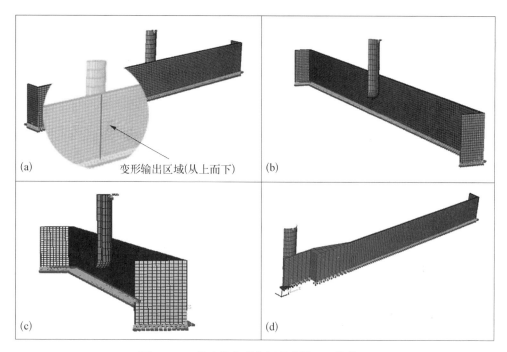

图 7 - 24　薄壁件变形分析的有限元网格模型

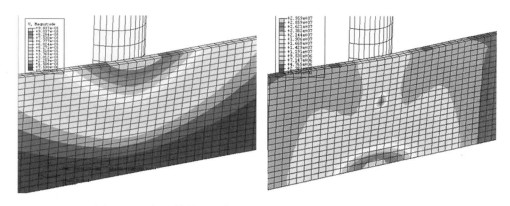

图 7 - 25　侧壁铣削过程典型的变形云图和薄壁件内部应力云图

走刀的时候,第一刀加工引起的薄壁变形往往比后面的走刀引起的变形要严重很多,所以改进工艺对减小第一刀的薄壁变形成果显著,最大处减小 17%,同时这个比较结果也给薄壁件精加工切削用量的合理安排提供了优化方向,通过改进工艺是可以达到减小薄壁件变形的目的。

(2) 位置 B: 图 7 - 30 是薄壁位置 B 在 5305 整体肋零件中的位置。图 7 - 31 是位置 B 在两次走刀加工过程中的计算机模拟薄壁让刀云图。

从图 7 - 31 可以看出,第一次走刀由于被加工部位刚性较差,薄壁顶部的让刀

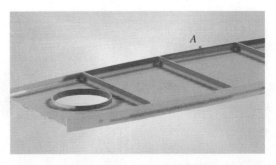

图 7-26 薄壁位置 A 在整体结构零件中的位置

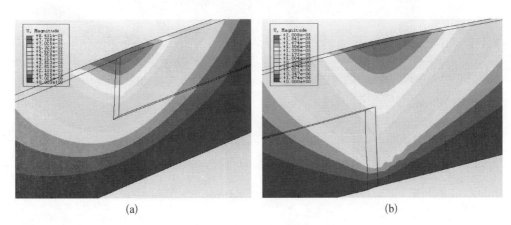

(a) (b)

图 7-27 薄壁位置 A 让刀云图

(a) 第一次走刀的薄壁让刀云图 (b) 第二次走刀的薄壁让刀云图

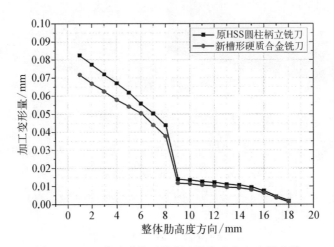

图 7-28 工艺改进前后的薄壁沿高度方向变形曲线

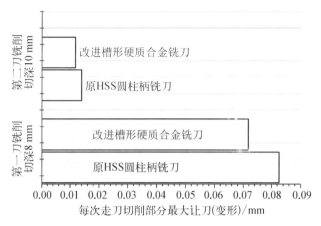

图 7 - 29　工艺改进前后的薄壁高度方向最大变形比较

图 7 - 30　薄壁位置 B 在整体结构零件中的位置

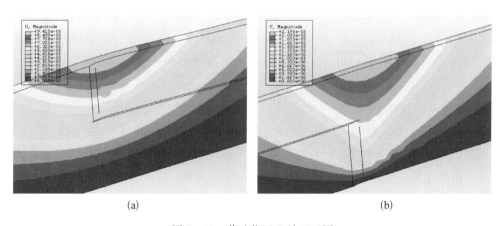

图 7 - 31　薄壁位置 B 让刀云图

（a）第一次走刀　（b）第二次走刀

现象最为严重,往下逐渐减小;第二次走刀的被加工部位让刀现象明显小很多。另外由于 B 点处的壁厚较 A 点薄,故较 A 位置处变形严重。图 7 - 32 是对加工后的变形偏差的数据整理,从两条曲线的位置可以对工艺变更前后的薄壁变形更方便地进行比较。

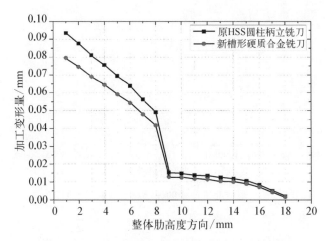

图 7-32　工艺改进前后的薄壁沿高度方向变形曲线

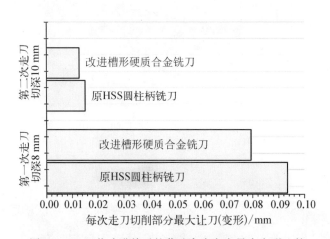

图 7-33　工艺改进前后的薄壁高度方向最大变形比较

图 7-33 的柱状图反映了工艺改变前后每次走刀的最大变形位置的偏差绝对值比较,可见工艺改进后径向力的减小同样导致了精加工两次走刀变形量的减小;变形最严重处减小 17.5%,比位置 A 处控制的效果稍好一些,可见改进工艺对切削薄壁件变形量的控制在越薄处体现越明显。

（3）位置 C:图 7-34 是薄壁位置 C 在 5305 整体肋零件中的位置。图 7-35 是位置 C 在两次走刀加工过程中的计算机模拟薄壁让刀云图。

从图 7-35 可以看出,由于位置 C 处的壁厚比 A、B 两处均厚,为 1.45 mm,故让刀现象比以上两个位置都要轻微许多。图 7-36 是对加工后的变形偏差的数据整理,从两条曲线的位置可以对工艺变更前后的薄壁变形更方便地进行比较,从偏

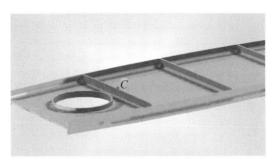

图 7-34 薄壁位置 C 在整体结构零件中的位置

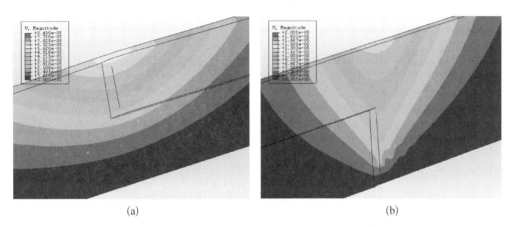

(a)   (b)

图 7-35 薄壁位置 C 让刀云图

（a）第一次走刀 （b）第二次走刀

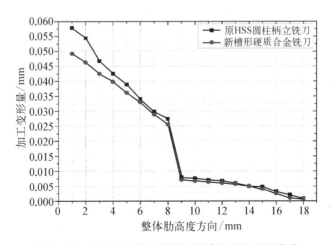

图 7-36 工艺改进前后的薄壁沿高度方向变形曲线

差的绝对量来看此处的变形是很小的。

图 7-37 的柱状图反映了工艺改变前后每次走刀的最大变形位置的偏差绝对值比较,可见工艺改进后径向力的减小同样导致了精加工两次走刀变形量的减小;变形最严重处减小 14%,比位置 A、B 两处降低的幅度稍低一些,这主要是由于在工艺参数相同的条件下此处壁厚较以上两者大的原因。

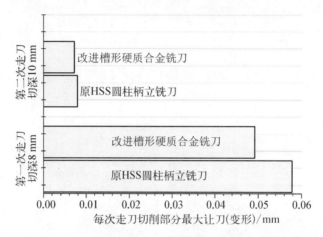

图 7-37　工艺改进前后的薄壁高度方向最大变形比较

（4）位置 D：图 7-38 是薄壁位置 D 在 5305 整体肋零件中的位置。图 7-39 是位置 D 在两次走刀加工过程中的计算机模拟薄壁让刀云图。

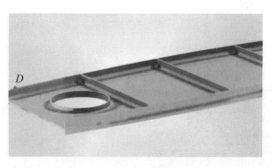

图 7-38　薄壁位置 D 在整体结构零件中的位置

从图 7-39 可以看出,被加工部位第一次走刀比第二次走刀的让刀现象严重,此处的结构与其他三个位置稍有不同,因为有一条边没有约束而悬空,故变形分析结果比其他位置都要严峻,具体的变形数值沿高度方向变化关系如图 7-40 所示。

从图 7-40 可知,加工变形在此处首次超过了 0.1 mm,最严重处达到了 0.145 mm,这主要是由于此处的结构为单边悬空结构,刚性较差。图 7-41 的柱状图反映了工艺改变前后每次走刀的最大变形位置的偏差绝对值比较,可见工艺改进后变形量有所减小,变形最严重处减小 11.5%,比其他 3 个位置偏低一些,这主

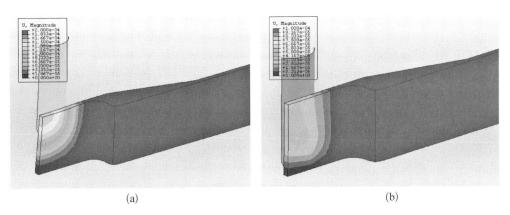

(a)　　　　　　　　　　　　　　　　(b)

图 7 - 39　薄壁位置 D 让刀云图

（a）第一次走刀　（b）第二次走刀

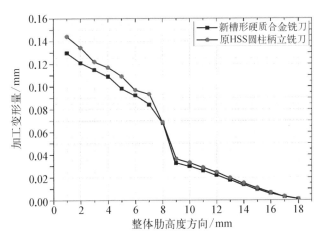

图 7 - 40　工艺改进前后的薄壁沿高度方向变形曲线

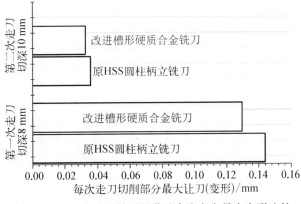

图 7 - 41　工艺改进前后的薄壁高度方向最大变形比较

要是由于此处的壁厚较厚,为 1.92 mm。

综上所述,在切削效率方面,通过优化刀具获得更大的金属去除率,切削载荷在精加工中可以忽略。在这种更高效的切削过程中,被加工零件取得了比原有刀具更小或者相近的切削变形,这表明优化刀具在精加工中成功应用了高速加工技术,取得了更大的切削效率。

7.4　小结

整体壁板和整体框类零件是典型的整体薄壁结构件,采用高速加工技术不仅可以提升加工效率,而且可以改善零件加工质量,减小加工变形。通过高速加工工艺优化和采用先进高性能刀具可以满足飞机结构件对加工效率和加工质量不断提升的要求,通过生产效率的提升实现生产成本总体下降。

参考文献

[1]　张震.飞机钛合金整体壁板的设计与制造[J].新技术新工艺,2014(8):28－32.

[2]　薛儒.航空航天新产品的高速加工新技术[J].金属加工:冷加工,2009(1):24－26.

[3]　陈明,安庆龙,刘志强.高速切削技术基础与应用[M].上海:上海科学技术出版社,2012.

[4]　李彬,邓建新,张松.高速切削加工稳定性研究的现状和发展趋势[J].制造技术与机床,2008(4):33－36.

[5]　王晶晶,李新梅.高速切削加工技术及其重要应用领域浅析[J].机床与液压,2015,43(4):177－180.

[6]　楚王伟,牟文平,龚清洪,等.钛合金飞机结构件高效铣削技术研究[J].工具技术,2008,42(8):43－46.

[7]　陈明.高速切削加工研究工作回顾[J].哈尔滨理工大学学报,2011,16(4):1－6.

[8]　杨建中,王充,陈吉红,等.航空增压器叶轮多轴高效加工工艺与仿真优化[J].机械工程与自动化,2016(2):4－7.

[9]　刘宏,张永.薄壁框体零件数控铣削加工变形工艺控制策略[J].机床与液压,2013(5):78－80.

[10]　王志刚,王凡,姜增辉.薄壁件铣削路径的研究现状[J].航空制造技术,2013(14):98－100.

[11]　楚锦文,孙东明,杜建喜,等.顺铣与逆铣的比较及计算机模拟分析[J].工具技术,2010,44(11):49－52.

[12]　张继林,郭文静,易湘斌.基于高速铣削切削力分析的刀具路径规划研究[J].工具技术,2015,49(1):21－23.

[13]　钱玲楠,李蓓智,杨建国,等.薄壁框体零件优质高效加工工艺方法[J].东华大学学报(自然科学版),2011,37(4):412－415.

[14]　敖志强,吴建军,王仲奇,等.基于 ABAQUS 的典型薄壁件加工变形仿真与试验研究[J].机床与液压,2007,35(2):15－18.

[15]　毕运波,柯映林,董辉跃.航空铝合金薄壁件加工变形有限元仿真与分析[J].浙江大学学报(工学版),2008,42(3):397－402.

8 民用飞机梁缘条与长桁类零件高效精密数控加工关键技术

整体梁缘条与长桁类零件是飞机机翼和平尾的关键结构件,这类零件尺寸较长,分布大量薄壁深槽型腔和复杂曲面,零件截面形状变化大,如图 8-1 所示。加工中切削余量不均,极易变形,刀具易破损断刀,加工难度大,成为生产线上的瓶颈[1]。零件加工工序多,材料去除量大,存在深槽铣削、大悬深铣削和侧面薄壁铣削。较大的切削力和不恰当的装夹方式及夹紧力都会引起零件的内应力重新分布,导致零件变形,影响精度。该类零件加工尺寸多,加工周期长,实现高效率切削加工是关键问题。如果采用机械压紧方式,工人需拧紧上百套螺栓压板压紧装置进行固定,重复性手工操作劳动强度大,装夹时间长,辅助准备时间长使得设备有效利用率低,生产效率低,夹紧位置分布、夹紧力大小等缺乏理论指导,过于依赖人工经验,因此加工质量存在隐患。开展先进工装技术研究,研发柔性工装,满足梁缘条系列零件加工要求,对减少辅助准备时间,降低操作人员劳动强度,稳定产品加工质量,加快原材料及半成品在车间的周转等均具有重要现实意义。

图 8-1 飞机平尾梁缘条零件

机械加工工艺系统由机床、刀具、工件和夹具等组成,提高零件加工效率的途径有两个,即降低切削加工时间和降低辅助准备时间。高速切削技术的应用可以大幅度降低切削加工时间;而先进工装的应用则可以大幅度降低辅助准备时间,提高工件定位夹紧和调整装卸的效率。飞机机身结构件具有形状结构相似性特点并呈现系列化,如 B737 平尾梁缘条系列零件族共有 14 种型号规格,梁间整体肋类零件族共有 54 种尺寸不同的型号规格。这些零件的定位和夹紧规律性强。大型薄壁整体结构件在切削加工中零件刚性随大量毛坯材料的去除而变化,薄壁零件的刚性低,零件结构复杂,存在许多凸台和细长筋。因而客观上要求加工中工件夹紧力要自适应实时调整以适应零件整体动态刚度的变化;需要进行多点辅助支撑,以提高加工部位的局部刚度,减少薄壁变形。综合体现机电液一体化技术和多传感器信息融合技术的柔性工装是近年来出现的先进装备技术,柔性工装的技术特点是定位和夹紧元件为通用元件,互换性好;定位夹紧位置可自适应调整;夹紧力大小、方向和夹紧顺序可自动控制;驱动执行机构为机电液一体化部件;应用位移、力和压电传感器元件。柔性工装技术可以使一套夹具满足系列化多种尺寸规格的零件安装要求,既具有机械式可调夹具和组合夹具的柔性,又具有特种专用夹具的高效性,适用于数控加工设备,可以使高速数控加工机床的性能得到更加充分的发挥,大幅度降低辅助准备时间。先进工装技术成为航空整体薄壁零件实现高效精密加工的核心关键技术,得到航空制造领域的高度关注[2]。

8.1　整体梁缘条与长桁类零件柔性工装技术

大型客机梁缘条与长桁类零件是典型的大型航空铝合金结构件,是飞机机翼、水平尾翼、垂直尾翼上的重要零件类型。其零件特点是:长度尺寸大,机翼缘条可达 20 m;明显的薄壁特征,壁厚与壁高比可达 1/30;零件截面形状变化大;存在复杂曲面特征。这些特点给零件制造工艺带来了挑战,毛坯的材料去除量大、余量不均匀,零件的大尺寸薄壁特征易在加工后产生变形。缘条零件加工对工装方面也提出了要求。首先,由于零件尺寸较大,定位的准确性要求更高;定位之后,在长度方向上要求有多点夹紧,以保持毛坯在工装上的定位;并且,定位、夹紧的重复性要好、自动化程度要高,以保证缘条类零件的加工质量和加工效率。此外,从工艺角度上还希望缘条零件的工装能实现立装,以便实现更加有利于零件加工变形控制的刀具路径规划;从工装柔性化的角度,要求工装能尽可能通过重新配置或重新调整适应一类梁缘条零件的加工,以降低工装成本、缩短生产周期。

8.1.1　柔性工装在飞机结构件制造中的应用

如图 8-2 所示,飞机结构件大型化、复杂化对制造装备和工装技术提出了更高的要求,高端数控加工设备需要高度自动化和高柔性的工装技术来保证设备潜力得到充分发挥,飞机结构件的长寿命、高精度和良好的服役性能也需要先进工装技术来保证加工质量。因此,柔性工装技术是飞机结构件加工亟需的关键技术[3]。

柔性工装技术具有以下特点能够满足飞机结构件制造的需求:

(1)自动化程度高。可大幅减少辅助加工时间、简化工序,提高生产效率。

(2)装夹稳定性好。在高速切削时能保证装夹、定位的重复性并最终保证工艺的稳定。

(3)可重配置性。夹具元件标准化、模块化程度高,互换性强。柔性好,能用一套柔性工装通过重配置实现一类零件的加工。

(4)可调整性。可实现夹紧力、夹紧位置的自适应调整以满足工艺需求。

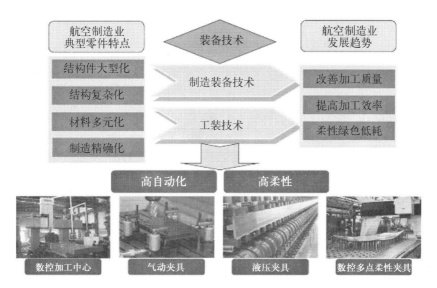

图 8-2　飞机结构件制造对工装技术的要求

目前,柔性工装技术已经应用于飞机蒙皮、梁缘条、长桁、整体框等多类零件的制造[4]。

航空航天蒙皮及其他零件的制造,大多为单件小批,设计过程完成后,往往需要设计多套夹具系统才可以进行制造,通常一个机型的夹具设计周期会伴随整个制造周期。蒙皮材料通常为高强度铝合金和复合材料,其外形精度范围较宽,同时,因为是薄壁结构,弱刚性导致装夹困难,高贴合度对轮廓的加工精度要求高。柔性智能装夹可根据局部工艺特征自适应调整夹紧位置和夹紧力,实现局部特征精确加工,此项技术在 A380 叶片修复方面获得了应用。

柔性工装技术最先应用在空客 A320 和波音 B767 自动化柔性装配系统中,满足不同装配对象的装配要求,简化了工装结构,减少型架数量、占地面积、生产准备周期和制造费用,取得显著效果。空客和波音公司研发的柔性工装中回转夹紧气缸和转位夹紧油缸基本由德国 ROEMHELD 公司、美国 Enerpac 公司和日本 SMC 公司等提供配套,目前已开始应用于高速数控龙门铣削加工中心。空客公司在英国 Broughton 工厂采用液压柔性工装技术进行 A340-500/600 主机翼加工,如图 8-3 所示。该零件毛坯长度 32 m、宽 3 m、厚 35 mm,毛坯材料去除量高达 80%;加工进给速度可达 20 m/min 实现稳定高效数控加工,粗加工去除率可达 6 554.8 cm^3/min。

8.1.2　柔性工装方案设计

立式装夹在加工弱刚性、细长型零件时普遍使用。该类零件具有对称性、高材料去除率的特点,采用立式装夹对优化加工路径提供了更多的选择[5],如图 8-4 所示。

在机床上采用立式装夹具有以下优点:

(1) 立式装夹方式操作空间较大,有利于定位空间和夹紧力的自动控制,立式装夹可以简化装夹系统,节省由于夹具拆卸而产生的时间和人力成本。

图 8-3　A340-500/600 主机翼液压柔性工装系统

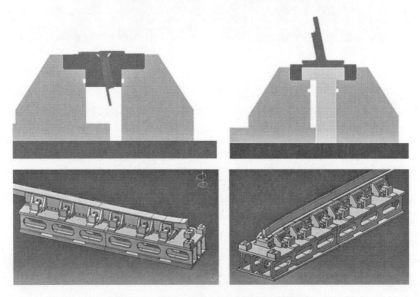

图 8-4　梁缘条和长桁类零件立式装夹

（2）立式装夹有利于加工路径的优化和切削参数的优化，如图 8-5 所示。立式装夹可以充分利用零件的对称性，采用分层对称加工的加工路径，发挥机床高转速的优势，选择和控制加工余量，获得稳定的加工过程，避免发生切削颤振，改善加工表面质量。控制切削力在一个合理的范围内，提高加工精度。

表 8-1 对比了立装和卧装两种装夹方案。可见采用立式装夹比卧式装夹具有明显的优势，一方面整个加工过程的可控性好，有利于利用高速加工理论进行参数优化，保持系统稳定性，优化走刀路径，减小加工变形。另一方面有利于柔性夹具系统的开发，通过提升夹具的装卸效率提高零件生产率。立式装夹所有加工余量完全通过切削加工方式去除，由此所产生的多于卧式加工的材料余量，将通过参数优化提高材料去除率来补偿。因此，立式装夹后加工效率的提高，一部分来源于加

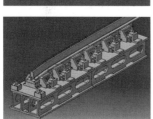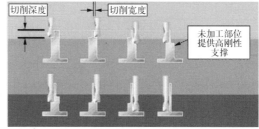

图 8-5 梁缘条和长桁类零件分层对称加工

工过程中更高的材料去除率,另一部分来源于更好的表面加工质量和加工精度,省去后续非切削加工的时间。

表 8-1 两种装夹方式对比

装 夹 方 式	卧式装夹	立式装夹
工装装卸效率	较低	较高
工装装卸难易程度	较难	较易
工装柔性	较差	较好,可适用于相似零件
对加工工艺的影响	加工路径柔性较差 大切深加工 加工振动明显 加工表面质量差 切削力较大 加工变形影响精度	加工路径可控性较好 切削参数可合理优化 加工振动可以避免 加工表面质量好 切削力可控 加工变形小
对加工效率的影响	大余量工艺搭子通过后续 切割方式去除	所有余量均通过切削加工 方式去除

　　确定立装的工艺方案,包括工位的选择、每个工位的定位和夹紧方式、每个工位完成的加工工序。零件的工艺安排是机加工领域集经验与工艺理论为一体的多因素、多目标的决策。一般来讲,工艺方案的制订要遵守一些基本原则:所设计的工艺方案必须能保证零件的加工质量,达到设计图纸上规定的各项技术要求;应使工艺过程具有较高的生产效率,使产品快速投放市场;尽量降低制造成本;注意减轻工人的劳动强度,保证生产安全。除了这些基本的工艺方案制订原则之外,工艺路线的拟订还有一些基本的原则,如基准重合原则、粗精分开原则,在条件允许的条件下尽量实现工序集中。

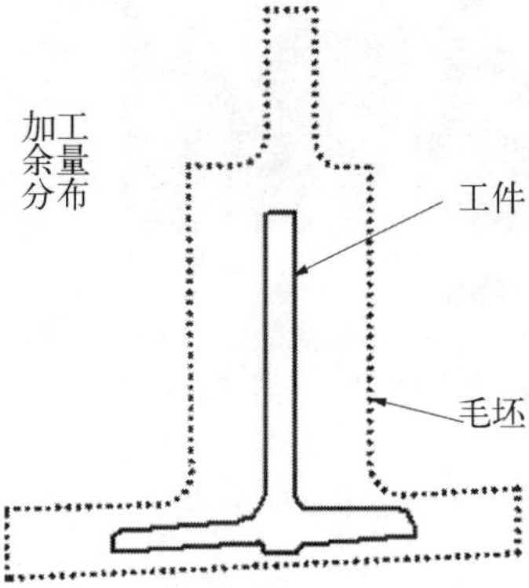

　　基于以上这些工艺方案、工艺路线基本制订原则,并结合梁缘条零件自身的特点进行规划和设计,如图 8-6 显示了缘条零件毛坯的余量分布情况。在确定采用立装加工之后,工艺方案的确定主要是工件翻身次数的问题。本着粗、精分开的原则,可以选择一个三工位的工装方案,即采用两次翻身加工,从理论上分析这种工装方案在平均加工量、控制变形、保证加工精度和产品质量上有明显优势;本着为保证定位的准确、简化夹具的原则,可以选择一个两工位的工装方案,即只采用一次零件翻身即完成全部数控加工,这种工装方案的定位较为准确,粗、精基准只有一个,工装制造节约成本和时间。两种方案如图 8-7 所示。

图 8-6　零件毛坯的加工余量　　　分布概况

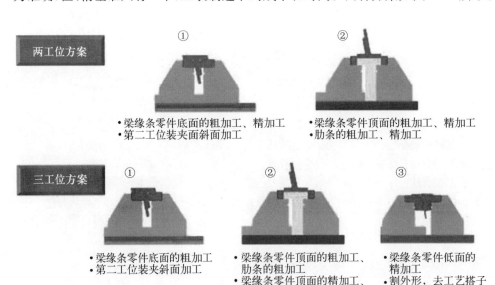

图 8-7　两工位和三工位工装方案

　　三工位的工装方案有利于粗、精加工分开,有利于保证产品质量,尤其是能对梁缘条零件的加工变形控制做出主动干预,这在航空制造业非常重要,不足之处是工位太多,对工装制造要求较高。而两工位方案是一个相对简单的方案,尤其是对工装的设计和制造,但两工位工装方式势必造成在第一工位完成一面的粗、精加工,而在第二工位完全完成另一面的粗、精加工的情况发生。虽然做到了尽量少的定位、装夹次数,但粗、精加工没有分开,易造成零件的加工变形。可见,两种梁缘条的立装工装方案各有优缺点。表8-2为两种工装方案对比。

表8-2　两种工装方案对比

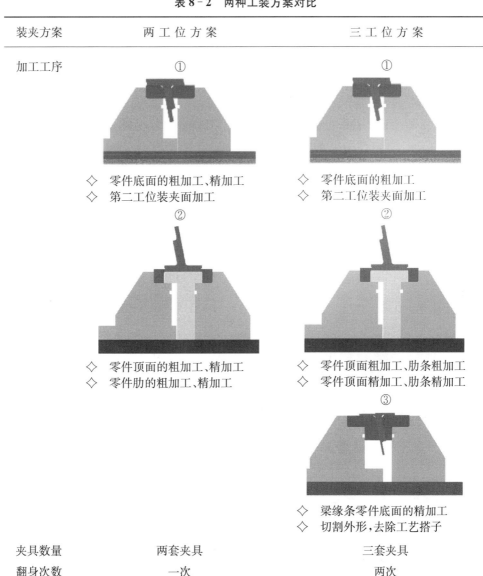

装夹方案	两 工 位 方 案	三 工 位 方 案
加工工序	①	①
	◇ 零件底面的粗加工、精加工 ◇ 第二工位装夹面加工	◇ 零件底面的粗加工 ◇ 第二工位装夹面加工
	②	②
	◇ 零件顶面的粗加工、精加工 ◇ 零件肋的粗加工、精加工	◇ 零件顶面粗加工、肋条粗加工 ◇ 零件顶面精加工、肋条精加工
		③
		◇ 梁缘条零件底面的精加工 ◇ 切割外形,去除工艺搭子
夹具数量	两套夹具	三套夹具
翻身次数	一次	两次

（续表）

装夹方案	两 工 位 方 案	三 工 位 方 案
定位	一个粗基准,一个精基准精基准统一	一个粗基准,两个精基准可能由精基准不统一引入定位误差
工序分布	粗精加工没有分开,不利于加工余量均匀分配	粗精加工明确分开
后序辅助工序	需要另外安排后续割外形,去除工艺搭子的辅助工序	不需要
综合评价	更低的夹具成本,但不利于零件加工质量保证,且需要辅助工序,增加了零件制造成本	更好的零件质量,更短的零件加工时间,但需要注意零件两次定位的定位精度,夹具成本也更高

在三工位方案中如何通过夹具的柔性化设计来降低夹具的制造成本和生产周期就成为工装设计的关键。同时,由于数控加工中心的工作台尺寸限制,无法同时安排三套工装,在这种情况下,如何在有限机床台面空间下实现三工位工装方案是必须解决的问题之一。

8.1.3　柔性工装功能设计

1) 液压元件选型

图 8-8 是柔性工装中所采用的主要液压元件类型,包括动力源——液压站;液压系统的控制部件——顺序阀、溢流阀等;各种压紧缸——转角缸、普通压缸等;各种液压附件——管路、压力表等。

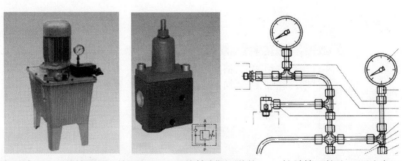

　　液压站——系统液压源　液压阀——系统控制源　附件——输油管、接头、压力表 等

图 8-8　所采用液压元件的主要类型

2) 液压夹紧系统压紧力的确定

液压夹紧系统压紧力的确定是液压工装方案设计的一个重要内容,被加工工件通过夹具和工件之间的摩擦固定,摩擦力通常是夹具对工件的夹紧力 F_{SP} 产生的[6]。夹紧力必须能防止加工中切削力而导致的工件滑动。最小夹紧力与加工功率 P 和切削速度 v 的关系满足如下关系式,如图 8-9 所示。

$$F_{SP} = (P \cdot \eta \cdot 60)/(\mu \cdot v)$$

式中:η 为机床功率转换效率,取 70%;P 为机床额定功率(kW);μ 为夹具与工件的摩擦系数;v 为切削速度(m/min)。

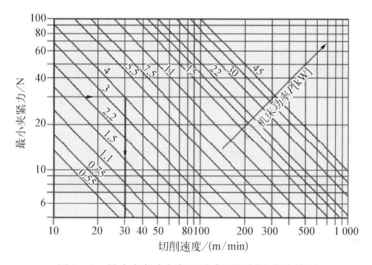

图 8-9 最小夹紧力与加工功率和切削速度的关系

3) 压紧时间确定

夹紧所用时间=[油缸夹紧所用油量/液压站输出流量]×油缸数量,油缸夹紧所用油量=总行程×(流量/1 mm 行程),夹具中所用油缸的行程取括号内最大行程的 70%~80% 来进行计算,表 8-3 为压紧时间的计算。

表 8-3 压紧时间计算

液 压 站					
型号	输出流量/(cm³/s)				
8 400 - 107	13.67				
第一工位(试制 1.5 m 长一段夹具,总共需 5 段)					
型号	行程/mm*	流量/行程/cm³	所用油量/cm³	所需时间/s	油缸数量
1 543 - 105	15(20)	0.491	7.365	0.5	2

(续表)

第一工位(试制 1.5 m 长一段夹具,总共需 5 段)					
型号	行程/mm*	流量/行程/cm³	所用油量/cm³	所需时间/s	油缸数量
1 462 - 847	7(10)	0.314	2.198	0.2	2
第二、三工位(试制 1.5 m 长一段夹具,总共需 5 段)					
型号	行程/mm*	流量/行程/cm³	所用油量/cm³	所需时间/s	油缸数量
1 543 - 105	15(20)	0.491	7.365	0.5	4
1 895 - 204	17(22)	0.45	7.65	0.6	4

4) 液压系统控制图

图 8 - 10 为工装方案的液压系统控制图。液压系统使用一个电液工作站作为液压动力源,同时给两个工位的夹具提供高压液压油。两路夹具分别由电磁阀进行单独控制。

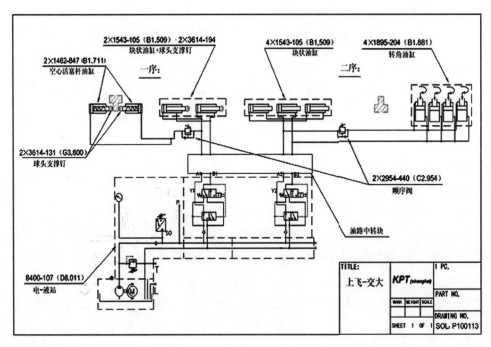

图 8 - 10　液压系统控制图

8.1.4　柔性工装系统实现

针对梁缘条类零件立装、三工位工艺方案设计了整套夹具,包括复合一工位和三工位的一、三工位夹具和二工位夹具两组夹具,如图 8 - 11 所示。

三工位立装梁缘条类零件柔性夹具具有兼顾左右件加工的柔性能力,通过以

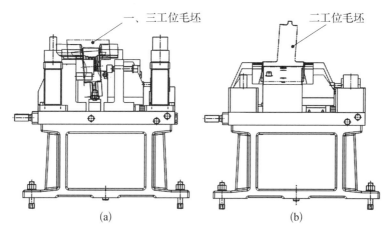

图 8-11　三工位立装柔性夹具整体方案

(a) 夹具Ⅰ(一、三工位)　(b) 夹具Ⅱ(二工位)

下方式实现：梁缘条左件定位于左件定位段；梁缘条右件定位于右件定位段；让结构对称的梁缘条左右件共用 4 个公用段，如图 8-12 所示。

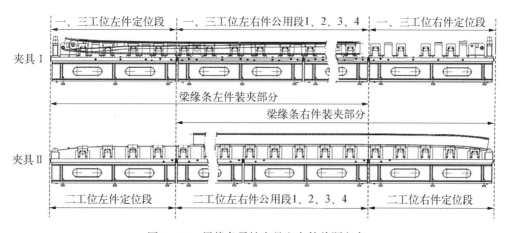

图 8-12　梁缘条柔性夹具左右件兼顾方案

　　三工位立装梁缘条类零件柔性夹具的一、三工位的复合化通过以下方式实现：在一、三工位夹具上间隔安排分别用于一工位和三工位毛坯定位、夹紧的一工位装夹钳口组件和三工位装夹钳口组件，两个工位的独立控制通过不同的液压回路完成，如图 8-13 所示。

　　三工位立装梁缘条柔性夹具的三个工位定位及夹紧方式通过以下方式实现：一工位夹具的定位由一、三工位定位段的一工位定位挡销以及一工位装夹钳口组件共同完成，夹紧则通过布置在一工位装夹钳口组件的液压油缸驱动万向支撑钉实现；二工位夹具的定位由铺设在整个夹具基座上的定位块和固定定位销共同完成，夹紧工作则通过二工位装夹钳口组件中带燕尾斜边的钳口在液压缸的驱动下

图 8-13　梁缘条柔性夹具一、三工位复合方案

将毛坯压在定位块上实现；三工位夹具的定位由一、三工位定位段的三工位定位挡板以及三工位装夹钳口组件共同完成，夹紧则通过布置在三工位装夹钳口组件的液压油缸实现，如图 8-14 所示。

图 8-14　梁缘条柔性夹具一、三工位和二工位的装夹方式

　　三工位立装梁缘条柔性夹具的Ⅰ和Ⅱ的液压油路采用暗管布置方案将油路布置在夹具底板中，液压元件均通过夹具底板上预留的油路孔通油驱动。夹具Ⅰ和Ⅱ在执行装夹动作时，装夹钳口组件均由高压(250 MPa)液压缸驱动。其中，用于一工位夹紧的装夹钳口由浮动液压缸驱动以适应外形尺寸有差异的锻压型材毛坯；用于二工位和三工位的所有装夹钳口均采用普通液压推缸执行。

　　夹具工作流程如下：

　　(1) 首先是梁缘条零件毛坯的一工位加工，零件毛坯定位于一、三工位定位段的一工位定位挡销以及一工位装夹钳口组件的钳口，可通过定位调节支撑调整定位，定位完成后通过液压控制回路的电磁阀打开布置在一工位装夹上、下钳口组件为液压油缸供油的油路,推动一工位装夹上、下钳口组件运动,完成最终夹紧。

（2）一工位加工完成后是零件毛坯的二工位加工,零件毛坯定位于铺设在整个夹具基座上的定位块和固定定位销,定位完成后通过液压控制回路的电磁阀打开布置在二工位装夹活动钳口组件为液压油缸供油的油路,驱动活动钳口组件向固定钳口组件运动,并通过活动钳口和固定钳口上带燕尾斜边将零件毛坯压在定位块上,完成最终夹紧。

（3）二工位加工完成后是零件毛坯的三工位加工,零件毛坯定位于一、三工位定位段的三工位定位挡板以及三工位装夹钳口组件的钳口,定位完成后通过液压控制回路的电磁阀打开布置在三工位装夹钳口组件为液压油缸供油的油路,推动活动钳口组件向固定钳口组件运动,完成最终夹紧。

8.2 整体梁缘条与长桁类零件加工变形控制技术

在大型航空整体结构件的精密加工过程中,由于对切削加工变形机理分析以及控制加工变形理论缺乏系统的研究,目前工艺技术人员主要采用试切与经验结合的方式来确定加工工艺,存在加工参数不合理,参数选取较保守,未能充分发挥高速加工中心的性能,造成加工表面质量恶化,加工效率低。在加工过程中存在的突出问题主要表现在:

（1）加工参数选择不合理而引起的切削颤振[7],严重影响加工质量,降低刀具的寿命。

（2）整体结构件局部弱刚性薄壁部位在切削力作用下发生变形以及大悬伸刀具在切削力作用下发生变形,导致零件加工精度丧失。

（3）毛坯初始残余应力以及切削加工过程中强热力耦合作用下产生的残余应力[8],在重新分布后造成零件的整体变形。

由于加工变形严重影响航空整体结构件的加工精度和生产效率,深入研究大型整体结构件精确加工工艺策略及安全校形技术,寻求和探索加工变形的规律和机理,建立预测和控制加工变形的模型,将为优化加工工艺提供理论依据,实现航空整体结构件的高效精密加工。

8.2.1 整体结构件加工变形影响因素

由于大型航空整体结构件具有材料去除率大、形状复杂、整体刚性较差等特点,加工精度及形位误差的要求较高,对切削加工提出了更高的要求。整体结构件的加工变形问题,涉及多个学科领域,加工变形产生的原因很多,与毛坯的材料、工件的几何形状和刚度,以及加工工艺方法和加工设备等均有关系,如图 8-15 所示。

引起整体结构件加工变形的主要因素有以下几个方面:

1）工件的材料力学特性与结构特点

航空铝合金的弹性模量为 70～73 MPa,约为钢的 1/3。由于其弹性模量小,

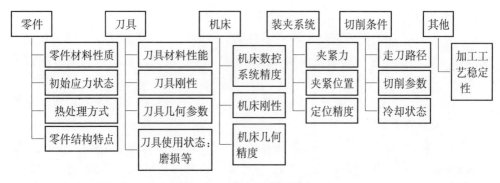

图 8 - 15　加工变形影响因素

屈强比大,在切削过程中极易产生回弹,特别是大型薄壁结构件,"让刀"和回弹现象更为严重[9];另外,航空整体结构件复杂形状,几何结构不对称,薄壁部位多,自身刚度差,这些都是造成较大变形的内在因素。

2) 加工过程中毛坯初始残余应力的释放与重分布

航空整体结构件通常采用高强度变形铝合金厚板直接铣削加工而成。为获得理想的机械性能,铝合金预拉伸板必须经过轧制、固溶、拉伸、时效等一系列工艺流程,在这些工艺流程中因存在不均匀的温度场和不均匀的弹塑性变形,板内产生了残余应力。在加工过程中,随着材料的不断去除,板内残余应力发生释放与重分布,原来的应力自平衡状态遭到破坏,工件只有通过变形才能达到新的平衡状态。已有研究结果表明:毛坯初始残余应力的释放和重分布是引起航空整体结构件加工变形的重要原因之一[10]。

3) 切削过程中刀具与工件间的热-力耦合作用[11]

刀具对工件的作用主要表现在切削力、切削热和加工表层留下的切削残余应力。在切削力的作用下,一方面工件与刀具的接触部分发生弹塑性变形,材料不断被刀具切除;另一方面工件产生回弹效应,发生"让刀"现象,特别是对于薄壁部分,"让刀"对加工精度的影响不容忽视。另外,被切削的材料在刀具的作用下,发生弹性和塑性变形而消耗功,切屑与前刀面、工件与后刀面之间的摩擦也要消耗功,导致产生大量切削热,造成工件各部位的温度不均,使其发生热变形。切削加工铝合金在工件表层留下的残余应力层的深度一般在0.1 mm 以内,当工件厚度较大时,其刚性也大,切削加工产生的残余应力几乎不会使其变形,然而对于航空整体件来说,其壁厚多在 2 mm 以内,残余应力对变形的影响不可忽略。

4) 工件的装夹

在装夹力作用下工件变形,在内部形成装夹应力场并产生相应位移。当刀具进行切削加工时,会出现"过切"或"欠切"现象,造成工件表面几何误差变形,对于刚性较差薄壁结构件,装夹也是引起加工变形的一个重要因素。

8.2.2　整体结构件加工变形控制策略

以梁缘条为代表的大型铝合金航空结构件在加工中的变形控制是极为重要的质量指标。完成梁缘条的高效数控铣削必须以保证产品质量为前提,重点考虑控制毛坯原始残余应力(预弯压后)、控制切削加工引入的残余应力以及合理引入负变形。其中,切削加工引入的残余应力所导致的变形可以从切削路径、切削方式和切削加工参数这些环节进行控制,这就需要与基于成本考虑的加工参数优化进行总体策略上的权衡。图 8-16 所示,是进行加工变形控制的主要策略。

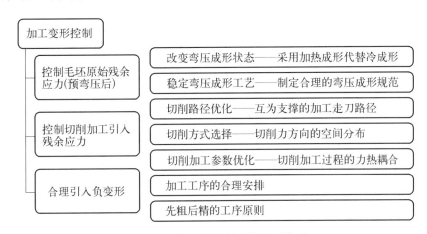

图 8-16　加工变形控制的主要策略

在大型整体结构件的加工过程中,通过优化加工工艺和改进装夹系统对加工变形进行主动控制是最有效的策略[12]。一般的策略主要有:

(1) 优化刀具路径,利用未加工工件材料的刚性避免加工变形过大。

(2) 加工过程中,在主要变形方向,选择切削力较小的加工路径和加工参数。

(3) 选择合理的刀具几何参数。

主要加工特征为侧壁加工,径向切削力对加工变形影响最大,刀具和工件的径向刚度对加工变形影响大,其主要控制策略有:

(1) 采用分层环切的刀具路径[13],可以使加工过程中,零件局部保持高刚度。如图 8-17 所示。

(2) 合理选用加工方式。根据加工情况不同,采用逆铣方式可以避免让刀造成的加工误差;采用顺铣方式可以避免由于刀具和工件相互靠近造成的过切。当然,同时需要综合考虑加工方式对加工表面质量和刀具寿命的影响,如图 8-18 所示。

(3) 合理选择刀具参数[14]。刀具圆角对切削力的分配具有重要的影响,在侧壁加工过程中,选用带有一定圆角的刀具,可以使加工过程中的径向力向轴向力转换,如图 8-19 所示。

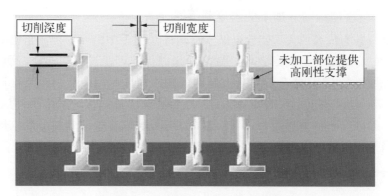

图 8-17　侧壁加工分层对称铣削

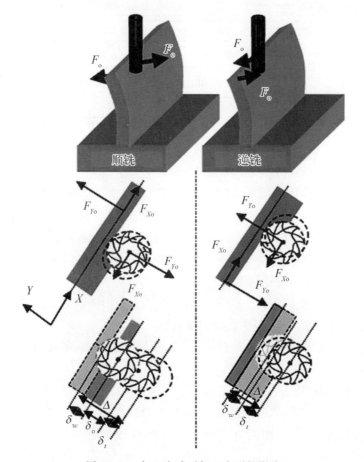

图 8-18　加工方式对加工变形的影响

主要加工特征为底面加工,轴向切削力对加工变形影响最大,刀具和工件的轴向刚度对加工变形影响大,其主要控制策略有:

（1）采用中心环切的刀具路径，可以使零件在加工过程中局部保持高刚度，如图8-20所示。

（2）合理选择刀具参数。尽量选用不带有圆角的刀具，可以使加工过程中的轴向力较小，如图8-19所示。

（3）合理选择夹具。选用真空夹具装夹，可以减小加工过程中的底面变形，如图8-21所示。

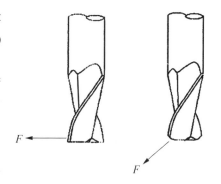

图8-19　刀具圆角对切削力分布的影响

通过以上策略，可以一定程度上减小大型整体结构件的加工变形。要实现大型

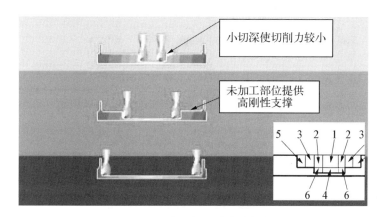

图8-20　底面加工分布式铣削

图8-21　真空装夹平台

整体结构件的变形预测和控制，必须充分分析切削加工过程及加工系统。采用有限元方法可以把加工过程、零件变形和装夹系统综合起来，预测大型整体结构件的加工变形，并对加工系统进行优化，如图8-22所示。

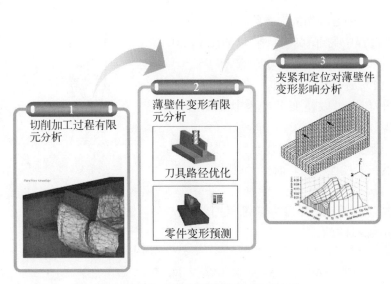

图 8-22　加工变形预测有限元分析方法

8.3　基于加工稳定性和机床性能约束的工艺优化

　　航空结构件大型化、整体化和复杂化的结构发展趋势对切削加工系统提出了更高的要求(见图 8-23)。切削加工系统是一个有机整体,是航空整体结构件高效加工实现的主要载体,切削加工系统中的每一个组成部分不仅自身直接影响航空整体结构件的高效加工,而且与其他部分相互联系在一起决定航空整体结构件的高效加工。

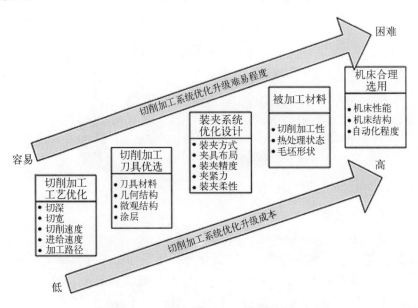

图 8-23　高效切削加工实现的根本方法

　　机床处于切削加工系统的顶端,是实现高效加工技术的前提和基本条件,由于航空整体结构件具有尺寸大、材料去除量大、结构复杂、加工精度高等特点,对机床提出了更高的要求[15]。用于航空整体结构件加工的机床一般采用大型龙门五坐标数控加工中心,而且采用多主轴动力头形式实现一次加工多个零件,提高生产效率。机床性能参数是决定航空整体结构件加工效率的基本条件。机床功率约束使得加工过程的材料去除率必须限制在一定范围内,加工消耗功率要满足机床功率约束。切削速度不能超过机床主轴最大转速的约束。机床的最大进给速度和主轴驱动加速度决定了机床的运行精度,较大的进给速度能有效缩短机床空载运行时间。另外,机床主轴的动平衡精度决定了加工精度。因此,数控加工机床性能决定了航空整体结构件加工的绝对加工效率,任何工艺优化必须满足机床性能约束,而不能以损坏机床部件、降低机床寿命为代价去实现。作为切削加工系统的顶端部分,机床是最稳定的,航空整体结构件加工用机床的升级和更新换代都将付出高昂的经济代价,只有在绝对加工效率无法满足需求的情况下,才会购买新型机床。因此,航空整体结构件的高效加工一般情况下是指在满足现有机床性能约束条件下的相对加工效率的提升,即充分发挥和利用机床的潜能。

　　航空整体结构件作为切削加工系统的加工对象,影响高效加工实现的主要因素有工件材料性质、毛坯状态、形状和工件设计精度。工件材料的物理和机械性能决定其切削加工性,影响切削加工参数和材料去除率。毛坯状态包括毛坯材料的热处理工艺、残余应力分布情况等,直接影响零件加工变形;毛坯形状决定零件加工的材料去除量和加工余量分配。工件设计精度决定零件加工的难易程度,直接影响零件加工效率,特别是精加工效率。因此,被加工工件作为加工对象本体,其自身的相关因素直接影响高效加工的实现,然而,被加工工件根据使用性能、使用环境等因素完成设计后,在生产过程中也处于相对稳定状态,一般情况下,不会通过重新设计工件、更换工件材料等方法来实现高效切削加工。

　　工装系统为切削加工系统提供被加工工件的定位和夹紧。工装系统因其自动化程度、柔性和可靠性直接影响加工辅助准备时间。由于航空整体结构件尺寸大、形状复杂,传统的机械手动夹紧方式需要耗费大量时间,增加工人劳动强度,而且由于夹紧力不可控造成夹紧力分布不均;人为失误也会产生漏夹的现象,造成零件装夹不稳,加工过程中产生振动,加工表面质量差,甚至造成零件超差报废。因此,航空整体结构件工装系统向液压或气动等自动化程度较高的方式发展,液压或气动工装系统具有较高的可靠性,夹紧时间与传统机械系统相比大幅减少。工装系统直接影响切削加工辅助准备时间,其可靠性又影响加工精度和加工质量,因此,要实现航空整体结构件的高效加工,必须采用自动化程度高、柔性大和可靠性高的工装系统。

　　刀具是实现材料去除和零件成形的主要工具。刀具性能直接影响航空整体结构件高效加工的实现。刀具性能取决于刀具材料、刀具宏微观几何参数和涂层,针对每一种被加工材料和零件结构特征,总存在一种可实现刀具寿命和材料去除率最优化的刀具材料、宏微观几何参数和涂层的组合,因此,面向使用性能的专用化刀具设计与制造成为实现高效加工的关键技术。航空整体结构件材料具有高比强度和比刚度、低密度、良好的耐腐蚀性能和优越的抗疲劳性能等特点,整体化和轻量化的结构特征使零件广泛分布薄壁、深腔、深槽和复杂曲面,材料去除量大,因此,采用基于航空先进材料和航空零件结构特征的刀具性能设计与制造技术,是实现航空整体结构件高效加工的重要条件。

加工工艺参数是切削加工系统效能的最终实现形式,切削加工系统通过加工工艺参数与其他各部分的相互联系成为有机整体。采用合理的切削参数可以充分发挥高档数控机床的效能,获得较高的材料去除率,良好的表面加工质量和加工精度,实现在提高产品生产效率和质量的同时控制生产成本,最终使企业获得良好的经济效益。因此,最终体现企业制造技术水平的核心竞争力不是高档的数控机床和自动化的装夹系统,而是使现有切削加工系统发挥最大潜能的切削加工工艺参数优化技术。

由于航空整体结构件具有材料去除量大,零件结构特征多为弱刚性薄壁结构,航空零件材料多为高强度难加工材料,因此航空整体结构件的高效切削加工工艺优化以切削力和切削加工稳定性为主要约束条件,在满足机床性能约束和零件设计要求等条件下,实现最大的切削加工效率。

8.3.1　铣削加工动力学建模

由机床-刀具-工件及其相互间接口(刀柄和夹具)组成的切削加工系统的动态性能直接影响加工表面完整性、刀具甚至机床寿命,因此,切削加工系统动态性能一直是研究高效切削加工必须关注的关键问题[16]。切削加工系统的动态性能主要研究内容是切削加工系统的结构模态分析、动态切削力建模与预测以及切削加工稳定性建模与预测。由于铣削加工的断续切削特性,动态铣削力对切削加工系统产生周期性激励作用,成为诱发切削颤振的重要原因。切削颤振的产生将造成加工表面质量降低,刀具寿命缩短,加工噪声污染,甚至损坏机床主轴等一系列问题,直接影响零件加工质量,制约生产效率的提高,增加零件制造成本,切削颤振已经成为实现高效铣削加工必须避免的关键问题。

航空整体结构件材料去除量大,零件以弱刚性薄壁结构特征为主,加工表面质量和零件尺寸精度要求较高。因此,在航空整体结构件数控铣削加工过程中,要保证零件加工质量和加工精度,提高加工过程的材料去除率,必须针对切削颤振这一关键约束条件,研究切削颤振产生机理,建立切削稳定性预测模型,为航空整体结构件高效加工工艺优化提供科学的技术指导。

铣削加工过程中,由于螺旋角存在和切削刃摆线运动,未变形切屑厚度产生周期性动态变化,同时,切削力大小和方向也产生周期性的动态变化,因此铣削加工动力学系统是一个二自由度系统[17]，如图 8-24 所示。

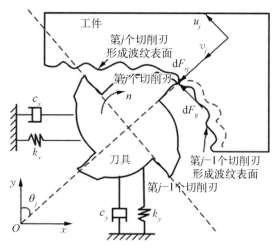

图 8-24　铣削动力学系统

铣刀具有两个相互垂直的自由度，切削力在 x 和 y 两个方向上对切削加工系统产生激励，产生动态位移分别为 x 和 y。那么，铣削加工系统的动力学微分方程可表示为：

$$\begin{cases} m_x\ddot{x} + c_x\dot{x} + k_x x = \sum_{j=0}^{N-1} F_{xj} = F_x(t) \\ m_y\ddot{y} + c_y\dot{y} + k_y y = \sum_{j=0}^{N-1} F_{yj} = F_y(t) \end{cases} \qquad (8-1)$$

式中：N 表示铣刀切削刃数；m_x、m_y 分别表示两个自由度上的系统质量；c_x、c_y 分别表示两个自由度上的系统阻尼；k_x、k_y 分别表示两个自由度上的系统刚度。

铣削加工再生颤振原理如图 8-25 所示，铣削加工产生的动态铣削力对加工系统产生激励，产生动态位移，同时由于在前一切削刃留下的有波纹的表面上进行切削，两个连续波纹间的相移会产生波纹再生效应，即再生位移，使未变形切屑厚度

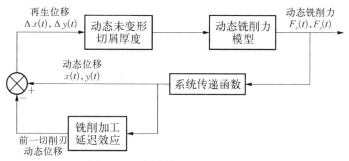

图 8-25　铣削加工再生颤振原理

呈指数增长,从而造成切削力的不断放大[18]。铣削颤振是铣削加工系统的不稳定振动,会破坏加工表面质量和加工精度,加速刀具磨损,甚至损坏机床主轴,制约材料去除率和加工效率的提升,增加生产成本,产生严重的噪声污染等。因此,研究铣削加工系统的动力学模型可以优化加工参数,避免铣削颤振的产生,使加工系统在稳定工况下工作。同时,为刀具变齿距和变螺旋角的几何结构设计,以改变铣刀冲击频率及相移而实现无颤振铣削加工提供了理论基础。研究铣削加工动力学模型关键是建立未变形切屑厚度的动态模型和对铣削加工系统进行参数辨识。

在大多数情况下,未变形切屑厚度都是动态变化的。铣削加工未变形切屑厚度由于刀具切削刃摆线运动轨迹而产生变化。切削加工系统并不是理想的刚性系统,在周期性铣削力的激励下,铣刀和工件的相对位移将产生周期性变化,进而引起未变形切屑厚度的动态变化。未变形切屑厚度动态变化及其再生效应是引起铣削再生颤振的主要原因,建立未变形切屑厚度动态模型是研究动态切削力和切削加工稳定性的关键。

在铣削加工动力学建模中,未变形切屑厚度 C_t 由静态未变形切屑厚度 C_{ts} 和动态未变形切屑厚度 C_{td} 两部分组成。静态未变形切屑厚度 C_{ts} 决定了作用在铣刀切削刃上的静态负载。动态未变形切屑厚度 C_{td} 决定了作用在铣刀切削刃上的动态载荷,影响动态未变形切屑厚度主要因素有铣刀径向跳动,铣刀和被加工零件的受力变形,铣刀和被加工零件的振动位移。动态未变形切屑厚度需要根据铣刀轴心坐标和刀具切削刃的位置坐标确定。

刀具位置可以用刀具圆心坐标 (x_O, y_O) 来表示,对于离散化后的立铣刀,切削微元的名义位置可以表示为

$$\begin{cases} x_{On}(j, \theta_j) = x_{On}(j-1) + \dfrac{f_z N}{2\pi}\theta_j \\ y_{On}(j, \theta_j) = y_{On}(j-1) \end{cases} \tag{8-2}$$

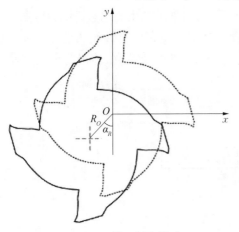

由于刀具和刀柄及刀柄和机床主轴配合接口可能存在间隙,造成铣刀在旋转时产生偏心,即刀具轴线和旋转轴不重合,当刀具旋转时,切削刃沿径向产生跳动量。在高速精密加工中,径向跳动使刀具各切削刃负载不均匀,进而产生不均匀磨损,影响表面加工质量,造成刀具寿命降低(见图8-26),径向跳动由跳动量 R_O 和跳动角 α_R 表示。由于径向跳动存在,对切削刃位置影响表示为

图8-26 铣刀径向跳动

$$\begin{cases} x_R(j) = -R_O\sin(\alpha_R - \theta_j) \\ y_R(j) = -R_O\cos(\alpha_R - \theta_j) \end{cases} \tag{8-3}$$

在加工过程中,由于铣刀和工件受到铣削力作用将产生变形,引起未变形切屑厚度变化和加工形状误差。这种误差称为静态形状误差。在采用立铣刀加工过程中,可以把立铣刀看作弹性圆柱梁来考虑。根据弹性力学理论,由径向力引起的立铣刀静态形状误差可表示为

$$\delta_y = \frac{F_y}{k_c} \tag{8-4}$$

式中:δ_y 表示径向形状误差;k_c 表示立铣刀刚度,可表示为

$$k_c = \frac{3EI}{l_m^2} = \frac{3E}{l_m^2}\frac{\pi d_e^4}{64} \tag{8-5}$$

式中:E 表示刀具材料弹性模量;I 为刀具惯性矩;d_e 表示刀具有效直径,可取刀具直径的 $0.8\sim0.85$ 倍;l_m 表示从夹头到计算误差处的长度。

因此,施加在切削微元 q 切削刃 j 上的径向切削力 $\mathrm{d}F_{yj,q}$ 在切削微元 m 切削刃 k 处产生的径向位移可用悬臂梁弹性力学公式表示为

$$\delta_y^{j,q}(k,m)$$
$$= \begin{cases} \dfrac{\mathrm{d}F_{yj,q}(l_t - z_{j,q})^2}{6EI}\big[3(l_t - z_{k,m}) - (l_t - z_{j,q})\big] + \dfrac{\mathrm{d}F_{yj,q}}{k_c} & (0 < z_{k,m} < z_{j,q}) \\ \dfrac{\mathrm{d}F_{yj,q}(l_t - z_{k,m})^2}{6EI}\big[3(l_t - z_{j,q}) - (l_t - z_{k,m})\big] + \dfrac{\mathrm{d}F_{yj,q}}{k_c} & (z_{j,q} < z_{k,m}) \end{cases} \tag{8-6}$$

式中:l_t 表示刀具伸出长度。因此,在切削微元 m 切削刃 k 处引起的总静态误差可表示为

$$\delta_y(k,m) = \sum_{j=0}^{N-1} \sum_{q=0}^{n_z-1} \delta_y^{j,q}(k,m) \tag{8-7}$$

在加工过程中,由于铣削加工产生周期性切削力对切削加工系统产生激励,因此,切削加工系统产生振动,刀具切削刃和工件的位置发生相对变化,使未变形切屑厚度产生动态变化,并形成具有振纹的已加工表面。这种由于切削振动引起未变形切屑厚度的动态变化,直接影响加工表面粗糙度。若铣削加工系统的模态参数已知,则可以通过求解式(8-1)获得工件和刀具的振动位移量 $v_x(\theta_j)$、$v_y(\theta_j)$。

采用 4 阶龙格-库塔法求解动力学微分方程式(8-1)。以 x 方向自由度为例,动力学微分方程可转换为

$$\begin{cases} \ddot{x} = \dfrac{1}{m_x}[F_x(t) - k_x x - c_x \dot{x}] = f(x, \dot{x}, \ddot{x}) \\ x_0 = x(0) = 0 \\ \dot{x}_0 = \dot{x}(0) = 0 \end{cases} \qquad (8-8)$$

令 $\dot{x} = u$，微分方程降阶后可表示为

$$\begin{cases} \dot{x} = u \\ \dot{u} = f(x, u, t) \end{cases} \qquad (8-9)$$

采用 4 阶龙格-库塔法可以求解得

$$\begin{cases} x_{i+1} = x_i + \dfrac{\mathrm{d}t}{6(K_1 + 2K_2 + 2K_3 + K_4)} \\ u_{i+1} = u_i + \dfrac{\mathrm{d}t}{6(L_1 + 2L_2 + 2L_3 + L_4)} \end{cases} \qquad (8-10)$$

式(8-10)中相关系数如下：

$$\begin{cases} K_1 = u_i \\ L_1 = f(x_i, u_i, t_i) \\ K_2 = u_i + \dfrac{\mathrm{d}t}{2} L_1 \\ L_2 = f\left(x_i + \dfrac{\mathrm{d}t}{2} K_1, u_i + \dfrac{\mathrm{d}t}{2} L_1, t_i + \dfrac{\mathrm{d}t}{2}\right) \\ K_3 = u_i + \dfrac{\mathrm{d}t}{2} L_2 \\ L_3 = f\left(x_i + \dfrac{\mathrm{d}t}{2} K_2, u_i + \dfrac{\mathrm{d}t}{2} L_2, t_i + \dfrac{\mathrm{d}t}{2}\right) \\ K_4 = u_i + \mathrm{d}t\, L_3 \\ L_4 = f(x_i + \mathrm{d}t\, K_3, u_i + \mathrm{d}t\, L_3, t_i + \mathrm{d}t) \\ t_i = i\mathrm{d}t \end{cases} \qquad (8-11)$$

　　4 阶龙格-库塔法求解精度与时间间隔的选取有很大关系，要获取良好的求解精度需要选取较小的时间间隔，一般情况下 $\mathrm{d}t$ 可选用切削加工系统固有周期的 0.1 倍。在 y 方向自由度上的振动位移可按照上述方法计算。

　　考虑上述各因素，切削微元的实际位置可以表示为

$$\begin{cases} x_{O_a}(j, \theta_j) = x_{O_n}(j, \theta_j) + x_R(j) + v_x(\theta_j) \\ y_{O_a}(j, \theta_j) = y_{O_n}(j, \theta_j) + y_R(j) + v_y(\theta_j) \end{cases} \qquad (8-12)$$

因此，实际的未变形切屑厚度是静态未变形切屑厚度 C_{ts} 和动态未变形切屑厚

度 C_{td} 共同作用的结果。如图 8-27 所示，刀具微元实际位置为 (x_a, y_a)，切削刃位置为 (x_j, y_j)，前 n 个周期刀具微元 (x_{an}, y_{an}) 切削刃在在接触角 θ_j 处的轨迹坐标为 (x_{jn}, y_{jn})。因此，(x_{an}, y_{an}) 与 (x_{jn}, y_{jn}) 满足以下关系：

$$\tan \theta_j = -\frac{x_{jn}}{y_{jn}} \tag{8-13}$$

$$(x_{jn} - x_{an})^2 + (y_{jn} - y_{an})^2 = R^2 \tag{8-14}$$

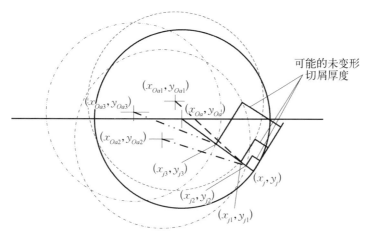

图 8-27　实际未变形切屑厚度分析

根据式(8-13)和式(8-14)可以求解获得 (x_{jn}, y_{jn})，实际未变形切屑厚度可以表示为

$$C_t(\theta_j, n) = \min_{n \geqslant 1}(R - \sqrt{x_{jn}^2 + y_{jn}^2}) \tag{8-15}$$

当 $\min_{n \geqslant 1}(R - \sqrt{x_{jn}^2 + y_{jn}^2}) < 0$ 时，刀具由于动态未变形切屑厚度的作用，已经离开被加工工件，不参与切削，这种情况下可认为 $C_t(\theta_j, n) = 0$。

8.3.2　铣削加工系统的实验模态分析

铣削加工系统是一个二自由度的机械系统，要对该机械系统进行动力学分析和求解，计算刀具和工件的动态振动位移，必须对该系统进行结构模态分析，辨识系统的关键参数，建立系统的传递函数。铣削加工系统传递函数(或频响函数)反映了刀具-机床-工件以及相互接口(刀柄和工装夹具)所组成的系统在激励作用下所产生的振动。

实验模态分析是研究系统结构动力学特性最普遍采用的一种方法，该方法通过实验采集输入输出信号，然后进行参数辨识而获得系统结构模态参数[19]。目前，实验分析切削加工系统模态参数最有效的方法是采用冲击响应实验。冲击响应实验采用带有压电力传感器的冲击力锤作为激励设备,获得冲击力脉冲信号,该信号持续时间很短,具有很宽的傅里叶频谱,因此冲击力可以激励比较宽的频带范围内的模态。而冲击力锤所产生的振动输出信号可以采用位移传感器或加速度传感器测量。目前在振动信号测量中普遍采用加速度传感器,由于加速度传感器一般吸附在被测试结构上,其自身重量会对系统结构固有频率产生影响,因此必须选择合理的加速度传感器。采集激励信号和振动信号后,采用多项式拟合的方法可以得出铣削加工系统的各阶模态参数,对铣削加工系统实验模态分析原理如图 8-28 所示。

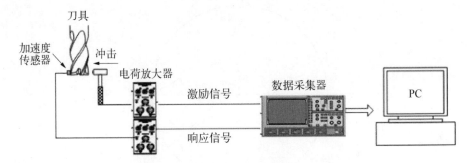

图 8-28　加工系统模态辨识实验

铣削加工系统的频响函数经过拉普拉斯变换后,可表示为

$$\begin{cases} \Phi_{xx}(S) = \sum_{m=1}^{M} \dfrac{[R_{1x} + R_{2x}s]_m}{s^2 + 2\zeta_{xm}\omega_{xm}s + \omega_{xm}^2} \\ \Phi_{yy}(S) = \sum_{n=1}^{N} \dfrac{[R_{1y} + R_{2y}s]_n}{s^2 + 2\zeta_{yn}\omega_{yn}s + \omega_{yn}^2} \end{cases} \qquad (8-16)$$

式中:M、N 分别表示两个自由度上的模态阶数;ζ_{xm}、ζ_{yn} 分别表示两个自由度上第 m 或 n 阶模态的阻尼比;ω_{nxm}、ω_{nyn} 分别表示两个自由度上第 m 或 n 阶模态的固有频率。R_1、R_2 可通过系统复模态留数 $\sigma \pm iv$ 来计算:

$$\begin{cases} R_{1m} = 2(\xi_m\omega_{nm}\sigma_m - \omega_{dm}v_m) \\ R_{2m} = 2\sigma_m \end{cases} \qquad (8-17)$$

式中:ω_d 为结构的阻尼固有频率,$\omega_d = \sqrt{1 - \zeta^2}\,\omega_n$。

通过模态分析实验获取铣削加工系统动态性能参数,建立铣削加工系统传递函数,是求解铣削加工动力学模型和预测加工稳定性的基础。

铣削实验采用航空铝合金 7075-T651 作为被加工材料,刀具选用整体硬质合金铣刀,刀具刃数为 3,直径 20 mm,螺旋角为 30°,前角 12°。实验在数控铣削加工中心 DMG DMU70V 上进行,采用 JT40 型刀柄接口,刀具安装后悬长 40 mm。然后对铣削加工系统进行模态分析实验,如图 8-29 所示,采用 KISTLER9724

A2000 力激励锤作为模态分析实验激励信号输入，KISTLER8778 A500 加速度传感器测量相应加速度信号，测量信号经过 NI9232 型数据采集卡进行采集，并通过软件进行模态参数辨识。系统频响曲线如图 8 - 30 所示，系统模态参数分析结果如表 8 - 4 所示。

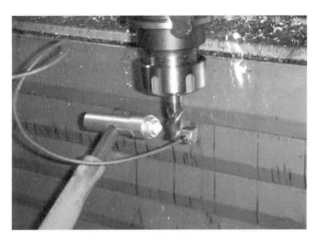

图 8 - 29　铣削加工系统力锤冲击实验现场

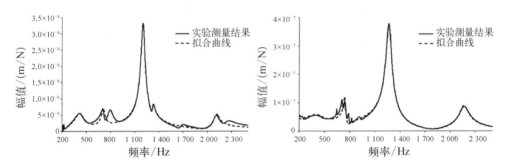

图 8 - 30　DMU70V 铣削加工中心频率响应曲线实验测量值和拟合曲线

表 8 - 4　铣削加工系统模态辨识参数

X 方向模态	ω_{nx}/Hz	ζ_x	σ_x	v_x
1	427. 25	12. 794	$7.134\ 4\times10^{-7}$	$-1.366\ 1\times10^{-6}$
2	708. 21	3. 308	$1.843\ 6\times10^{-7}$	$-6.683\ 7\times10^{-7}$
3	1 201. 43	2. 018	$-4.594\ 0\times10^{-6}$	$-2.117\ 9\times10^{-6}$
4	1 325. 67	1. 193	$-3.558\ 5\times10^{-7}$	$-1.205\ 4\times10^{-7}$
5	2 109. 91	1. 798	$-1.048\ 7\times10^{-6}$	$3.935\ 4\times10^{-7}$
Y 方向模态	ω_{nx}/Hz	ζ_x	σ_x	v_x
1	439. 20	23. 084	$9.707\ 9\times10^{-6}$	$-1.212\ 7\times10^{-5}$

（续表）

Y 方向模态	ω_{nx}/Hz	ζ_x	σ_x	v_x
2	740.79	1.709	$1.089\ 6\times10^{-6}$	$-7.690\ 4\times10^{-6}$
3	1 262.21	2.504	$-4.084\ 2\times10^{-6}$	$-7.425\ 1\times10^{-5}$
4	2 165.93	2.543	$-6.384\ 3\times10^{-6}$	$-2.936\ 8\times10^{-5}$

铣削加工过程中,由于刀具高速旋转和进给运动使得刀具动态位移测量比较困难,本节采用电涡流位移传感器对刀具的动态位移实时测量,测量系统如图 8-31 所示,电涡流传感器通过设计夹具固定,然后通过磁性表座固定在机床主轴箱上,保证传感器与刀具同步移动,实现位移实时测量。铣刀 X 方向和 Y 方向的动态位移信号采用 LMS SCADAS Ⅲ 采集器采集,采样频率为 6 400 Hz。数据通过采集器后进入电脑进行分析。

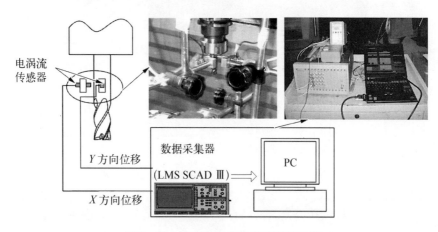

图 8-31　铣刀动态位移实时测量系统

铣刀径向跳动通过上述动态位移实时测量系统,在主轴空转时测量。本节在主轴转速为 500 r/min 时测量铣刀动态位移,测量采样频率为 6 400 Hz,测量结果如图 8-32 所示。根据测量结果,铣刀径向跳动幅值 R_O 为 3.83 μm。

根据求解获得的切削力系数,如表 8-5 所示。动态切削力采用 KISTLER9272 测力仪进行测量。动态铣削力预测值通过模型进行计算。动态铣削力曲线如图 8-33 所示,由于刀具振动和径向跳动的存在,每个刀刃在切削过程中的动态切屑厚度不再是周期性变化的,每个刀刃受力也不一样。当切宽和每齿进给量很小时,刀具振动和径向跳动对切削力的影响将会很大。从图中可以看出,动态铣削力模型可以准确预测切削力的变化趋势,同时也能获得比较良好的预测精度。

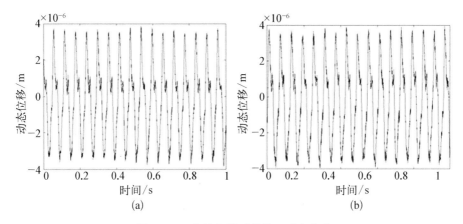

图 8-32　主轴空转时的铣刀动态位移

（a）铣刀 X 向动态位移　（b）铣刀 Y 向动态位移

表 8-5　动态切削力模型中的各切削力系数

材　料	K_{tc} /(N/mm²)	K_{rc} /(N/mm²)	K_{ac} /(N/mm²)	K_{te} /(N/mm)	K_{re} /(N/mm)
Al7075	1 023.55	612.34	103.67	34.77	18.53

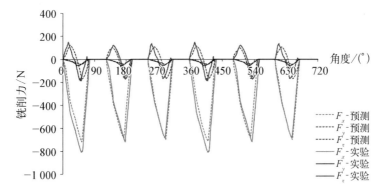

图 8-33　动态铣削力实验和预测值（$n=8\,000$ r/min，$f=2\,400$ mm/min，$a_{\mathrm{p}}=8$ mm，$a_{\mathrm{e}}=4$ mm）

8.3.3　铣削加工稳定性预测

　　铣削加工再生颤振是切削加工系统最主要的振动机理，加工过程中，在周期性铣削力的激励作用下，未变形切屑厚度产生动态变化，在工件上形成波纹表面，当后面的切削刃在前一切削刃形成的波纹表面上切削时，动态未变形切屑厚度有可能变大，引起切削力变大，继而引起切削振动加剧，未变形切屑厚度继续变大，形成正反馈，这种未变形切屑厚度再生效应是引发再生颤振的主要原因。

如图 8－24 所示二自由度铣削加工系统,瞬时未变形切屑厚度可表示为

$$C_t(\theta_j) = f_z\sin(\theta_j) + (v_{j,\,t}^0 - v_{j,\,w}^0) - (v_{j,\,t} - v_{j,\,w}) \tag{8－18}$$

式中:θ_j 表示切削刃 j 与工件的接触角;$v_{j,\,t}$ 和 $v_{j,\,t}^0$ 分别表示当前切削刃和前一切削刃受到切削力激励,刀具在切屑厚度方向产生的动态位移;而 $v_{j,\,w}$ 和 $v_{j,\,w}^0$ 分别表示工件在切屑厚度方向产生的动态位移。把动态位移投影到 x-y 坐标系,可得

$$v_j = -x\sin\theta_j - y\cos\theta_j \tag{8－19}$$

在切削稳定性分析中,静态未变形切屑厚度对切削振动没有贡献,可以忽略。因此,可把式(8－19)写为

$$C_t(\theta_j) = \left[(x_c - x_c^0) - (x_w - x_w^0)\right]\sin\theta_j + \left[(y_c - y_c^0) - (y_w - y_w^0)\right]\cos\theta_j \tag{8－20}$$

式中:x_c 和 y_c 表示刀具在 x 和 y 方向上的动态位移;x_w 和 y_w 表示工件在 x 和 y 方向上的动态位移。所以,作用在切削刃 j 上的动态切削力可表示为

$$\begin{cases} F_t(\theta_j) = K_t a_p C_t(\theta_j) \\ F_r(\theta_j) = K_r a_p C_t(\theta_j) \doteq K_{re} F_t(\theta_j) \end{cases} \tag{8－21}$$

式中:a_p 表示轴向切削深度;K_t 和 K_r 表示切向和径向切削力系数,$K_{re} = \dfrac{K_r}{K_t}$。把切削力 F_t 和 F_r 分解到 x-y 坐标系上,可得

$$\begin{cases} F_x(t) = \displaystyle\sum_{j=0}^{N-1} F_{xj} = \sum_{j=0}^{N-1} (-F_{tj}\cos\theta_j - F_{rj}\sin\theta_j) \\ F_y(t) = \displaystyle\sum_{j=0}^{N-1} F_{yj} = \sum_{j=0}^{N-1} (+F_{tj}\sin\theta_j - F_{rj}\cos\theta_j) \end{cases} \tag{8－22}$$

把式(8－20)和式(8－21)代入式(8－22)可得

$$\begin{aligned} \begin{Bmatrix} F_x \\ F_y \end{Bmatrix} &= \frac{1}{2} a_p K_t \begin{bmatrix} a_{xx} & a_{xy} \\ a_{yx} & a_{yy} \end{bmatrix} \begin{Bmatrix} (x_c - x_c^0) - (x_w - x_w^0) \\ (y_c - y_c^0) - (y_w - y_w^0) \end{Bmatrix} \\ &= \frac{1}{2} a_p K_t \begin{bmatrix} a_{xx} & a_{xy} \\ a_{yx} & a_{yy} \end{bmatrix} \begin{Bmatrix} \Delta x \\ \Delta y \end{Bmatrix} \end{aligned} \tag{8－23}$$

式中:a_{xy} 表示随着切削刃角位移 θ_j 变化的方向因子。可用时间 t 和刀具角速度来描述切削刃角位移 $\theta_j(t) = \dfrac{2\pi nt}{60} + \mathrm{j}\psi$,$\psi$ 为铣刀切削刃刃间角,n 为铣刀转速。因此,式(8－23)可表示为

$$\{F(t)\} = \frac{1}{2} a_p K_t \boldsymbol{A}(t)\{\Delta(t)\} \tag{8－24}$$

式中：$A(t)$ 是一个周期为 T_c 的矩阵函数；T_c 为铣刀切削刃的激励周期，且

$$T_c = 60/(nN) \tag{8-25}$$

周期函数 $A(t)$ 可以展开为傅里叶级数，把 $A(t)$ 精确重构为铣削加工切削刃冲击频率的谐波 $A(r)$：

$$A(t) = \sum_{r=-\infty}^{+\infty} A_r e^{ir\omega t} \tag{8-26}$$

$$A_r = \frac{1}{T_c} \int_0^{T_c} A(t) e^{-ir\omega t} dt \tag{8-27}$$

根据研究表明，在大多数情况下，高阶谐波对分析切削加工稳定性的影响很小，不会影响切削加工稳定性的预测精度，因此，可以采用 0 阶傅里叶级数近似表示 $A(t)$：

$$A_0 = \frac{1}{t_c} \int_0^{T_c} A(t) dt = \frac{1}{\phi} \int_{\theta_{st}}^{\theta_{ex}} A(\theta) d\theta = \frac{N}{2\pi} \begin{bmatrix} \alpha_{xx} & \alpha_{xy} \\ \alpha_{yx} & \alpha_{yy} \end{bmatrix} \tag{8-28}$$

式中：α_{xx}，α_{xy}，α_{xy} 和 α_{yy} 可表示为

$$\begin{cases} \alpha_{xx} = \int_{\theta_{st}}^{\theta_{ex}} a_{xx}(\theta) d\theta = \frac{1}{2} \left[\cos 2\theta - 2K_{re}\theta + K_{re} \sin 2\theta \right]_{\theta_{st}}^{\theta_{ex}} \\ \alpha_{xy} = \int_{\theta_{st}}^{\theta_{ex}} a_{xy}(\theta) d\theta = \frac{1}{2} \left[-\sin 2\theta - 2\theta + K_{re} \cos 2\theta \right]_{\theta_{st}}^{\theta_{ex}} \\ \alpha_{yx} = \int_{\theta_{st}}^{\theta_{ex}} a_{yx}(\theta) d\theta = \frac{1}{2} \left[-\sin 2\theta + 2\theta + K_{re} \cos 2\theta \right]_{\theta_{st}}^{\theta_{ex}} \\ \alpha_{yy} = \int_{\theta_{st}}^{\theta_{ex}} a_{yy}(\theta) d\theta = \frac{1}{2} \left[-\cos 2\theta - 2K_{re}\theta - K_{re} \sin 2\theta \right]_{\theta_{st}}^{\theta_{ex}} \end{cases} \tag{8-29}$$

因此，式(8-24)可写成

$$\{F(t)\} = \frac{1}{2} a_p K_t A_0 \{\Delta(t)\} \tag{8-30}$$

根据铣削加工系统频响函数，动态位移量 $\{\Delta(t)\}$ 可由切削力 $F(t)$ 和系统频响函数确定，因此，设切削加工系统颤振频率为 ω_c，$\{\Delta(t)\}$ 在频域上表示为

$$\{\Delta(i\omega_c)\} = [1 - e^{-i\omega_c T_c}] e^{i\omega_c t} \boldsymbol{\Phi}(i\omega_c) \{F(i\omega_c)\} \tag{8-31}$$

式中：$\Phi(i\omega_c)$ 为系统频响函数，可表示为刀具频响函数 $\Phi_t(i\omega_c)$ 和工件频响函数 $\Phi_w(i\omega_c)$ 相加：

$$\boldsymbol{\Phi}(i\omega_c) = \boldsymbol{\Phi}_t(i\omega_c) + \boldsymbol{\Phi}_w(i\omega_c) = \begin{bmatrix} \Phi_{txx} + \Phi_{wxx} & \Phi_{txy} + \Phi_{wxy} \\ \Phi_{tyx} + \Phi_{wyx} & \Phi_{tyy} + \Phi_{wyy} \end{bmatrix} \tag{8-32}$$

在铣削加工系统中，Φ_{xy} 和 Φ_{yx} 两项可忽略不计。把式(8-30)代入式(8-31)，可得

$$\{F(i\omega_c)\} = \frac{1}{2}a_p K_t A_0 (1 - e^{-i\omega_c T_c}) e^{i\omega_c t} \boldsymbol{\Phi}(i\omega_c)\{F(i\omega_c)\} \qquad (8-33)$$

式(8-33)有非零解的条件是

$$\det[\boldsymbol{I} + \Lambda \boldsymbol{\Phi}_0 (i\omega_c)] = 0 \qquad (8-34)$$

式中：$\boldsymbol{\Phi}_0(i\omega_c) = \boldsymbol{A}_0 \boldsymbol{\Phi}(i\omega_c)$，$\Lambda = -\dfrac{N}{4\pi}a_p K_t (1 - e^{-i\omega_c T_c})$。求解式(8-34)可得

$$\begin{cases} \Lambda = -\dfrac{1}{2a_0}(a_1 \pm \sqrt{a_1^2 - 4a_0}) \\[2mm] a_0 = \Phi_{xx}(i\omega_c)\Phi_{yy}(i\omega_c)(\alpha_{xx}\alpha_{yy} - \alpha_{xy}\alpha_{yx}) \\[2mm] a_1 = \alpha_{xx}\Phi_{xx}(i\omega_c) + \alpha_{yy}\Phi_{yy}(i\omega_c) \end{cases} \qquad (8-35)$$

特征值 Λ 可以写成复数形式：$\Lambda = \Lambda_R + i\Lambda_I$；延时项 $e^{-i\omega_c T_c}$ 可表示为三角函数形式：$e^{-i\omega_c T_c} = \cos\omega_c T_c - i\sin\omega_c T_c$。因此，临界轴向切深 $a_{p\lim}$ 和主轴转速 n 的关系可求解得：

$$\begin{cases} a_{p\lim} = -\dfrac{2\pi\Lambda_R}{NK_t}(1 + K^2) \\[3mm] K = \dfrac{\Lambda_I}{\Lambda_R} \\[3mm] \omega_c T_c = \varepsilon + 2k\pi \quad (k = 0, 1, 2, \cdots) \\[2mm] \varepsilon = \pi - 2\arctan K \\[2mm] n = \dfrac{60}{NT_c} \end{cases} \qquad (8-36)$$

式中：ε 表示前一切削刃和当前切削刃所形成的波纹面之间的相位差；k 表示切削刃在加工表面上形成波纹面的波纹数。通过扫描模态附近的频率范围，计算临界轴向切削深度，就可以获得由主轴转速 n 和临界轴向切削深度 $a_{p\lim}$ 所形成的稳定性临界曲线，该曲线把主轴转速 n 和轴向切削深度 a_p 所形成的二维空间分为稳定加工区域和不稳定加工区域。

在航空整体结构件粗加工过程中，由于零件结构设计轻量化的要求，需要采用较大的轴向切深和径向切深，将毛坯材料进行大余量去除，获得较高的材料去除率。为了提高航空整体结构件粗加工效率，同时保证加工稳定无颤振运行，需要研究轴向切深和径向切深对切削加工稳定性的影响。

特征值 Λ 决定于切削加工系统的频响函数 $\varPhi_{xx}$、$\varPhi_{yy}$，以及有向因子 α_{xx}、α_{yy}、α_{xy}、α_{yx}。对于同一切削加工系统，其频响函数是其固有属性，而有向因子取决于铣削加工过程中的切入角和切出角，切入角和切出角直接决定于刀具直径和径向切深 a_w。因此，径向切深对切削加工颤振也具有重要影响。径向切深也决定了铣刀与被加工工件的接触时间，切削刃与被加工工件接触长度，以及同时参与切削加工的铣刀刃数。

对于顺铣加工，其切入角和切出角可表示为

$$\begin{cases} \theta_{st} = \arccos\left(1 - \dfrac{a_w}{R}\right) \\ \theta_{ex} = \pi \end{cases} \tag{8-37}$$

对于逆铣加工，其切入角和切出角可表示为

$$\begin{cases} \theta_{st} = \pi \\ \theta_{ex} = \arccos\left(1 - \dfrac{a_w}{R}\right) \end{cases} \tag{8-38}$$

切入角和切出角取值范围为 $[0, \pi]$，设无量纲因子 $a_w = a_w/2R$，a_w 取值范围为 $[0, 1]$。径向切深 a_w 和轴向切深 a_p 对切削稳定性都有影响，对应确定的径向切深 a_w，切削加工稳定性可由轴向切深 a_p 和主轴转速 n 建立稳定性 Lobe 图表示；而在航空整体结构件粗加工过程中，有时候轴向切深 a_p 是确定的，需要寻求无颤振加工条件下的最大径向切深，在这种情况下，需要求解基于临界径向切深 $a_{w\,\text{lim}}$ 和对应主轴转速 n 形成的铣削加工稳定性 Lobe 图。

根据式(8-36)所确定的临界轴向切削深度 $a_{p\,\text{lim}}$ 表达式，如果轴向切深 a_p 确定，对应的特征值 Λ 可表示为

$$\Lambda = -\frac{N}{4\pi} a_{p\,\text{lim}} K_t (1 - \mathrm{e}^{-\mathrm{i}\omega_c T_c}) \tag{8-39}$$

在切削加工系统的频响函数 $\varPhi_{xx}$、$\varPhi_{yy}$ 已知的条件下，可以根据式(8-35)反求切入角 θ_{st} 和切出角 θ_{ex}，进而求出满足临界稳定状态下的径向切削深度 $a_{w\,\text{lim}}$。但是上述求解过程非常复杂，为了简化求解过程，采用数值插值的方式进行求解。首先选定扫描频率范围 $\omega_c = 0 : \Delta\omega : \omega_{c\,\text{max}}$，其中 $\Delta\omega$ 为扫描频率步距，然后在 $[0, 180°]$ 的范围内扫描切入角或切出角，计算该切入角或切出角对应的临界轴向切削深度 $a_{p\,\text{lim}}$，如果该临界轴向切削深度值与确定的轴向切削深度相等，则该切入角或切出角所对应的径向切削深度即为临界径向切削深度 $a_{w\,\text{lim}}$。

切削颤振是加工过程中材料去除率提高的主要制约因素[20]，特别对于粗加工工序，需要采用大余量工艺参数加工，一旦发生切削颤振，将会造成切削力的迅速放大，刀具快速磨损，甚至损坏机床主轴。因此，在切削加工系统确定的条件下，需

要充分发挥系统潜能,获得最大的材料去除率。

在铣削加工过程中,材料去除率可以通过下式表示:

$$MRR = a_p a_w n N f_z \tag{8-40}$$

式中:a_p 表示轴向切深;a_w 表示径向切深;n 表示主轴转速;N 表示刀具齿数;f_z 表示每齿进给量。轴向切深 a_p、径向切深 a_w、主轴转速 n 和刀具齿数 N 与材料去除率成正比关系,同时,其取值受到切削加工稳定性的约束。由于每齿进给量 f_z 对于切削加工稳定性的影响较小,为了分析在切削加工稳定性约束条件下的材料去除率,将式(8-40)转化为

$$\overline{MRR} = \frac{MRR}{2Rf_z} = a_p a_w n N \tag{8-41}$$

当刀具和机床转速确定时,a_p 和 a_w 的取值受到切削加工稳定性约束,因此,根据基于径向切深和轴向切深的稳定性分析可以求解临界稳定状态下的最大 $\overline{MRR}$,即

$$\overline{MRR}_{max} = \max(a_{p\,lim} a_{w\,lim} n N) \tag{8-42}$$

由于不同主轴转速对应的临界稳定条件不同,因此,不同主轴转速所能获得的最大材料去除率也不同。在临界稳定条件下,$\overline{MRR}$ 先随着 $a_{p\,lim}$ 或 $a_{w\,lim}$ 的增大而增大,然后随着 $a_{p\,lim}$ 或 $a_{w\,lim}$ 的增大而减小。在 $a_{p\,lim}$ 或 $a_{w\,lim}$ 取值合理时,$\overline{MRR}$ 可以获得最大值。

在航空整体结构件粗加工工艺设计中,根据零件结构特征和毛坯材料状态,零件粗加工余量分配是不同的。因此,为了获得最大的材料去除率,实现航空整体结构件粗加工时的大余量高效铣削,需要根据切削加工系统的稳定性分析,在稳定加工条件下选择合理的机床主轴转速,然后根据加工余量分配,确定合理的轴向切深和径向切深,以获得最大的材料去除率。

8.3.4 基于机床性能和切削稳定性约束的高效铣削加工

由于受到切削加工系统性能的约束,铣削加工的效率并不能无限提高,特别对于航空整体结构件的粗加工来说,大余量加工产生较大的切削力,消耗较大的功率,在实现高效加工的同时必须满足机床额定功率等切削加工系统性能约束[21]。这些约束主要包括机床主轴额定功率和扭矩、机床主轴最大转速、工装系统所能提供的夹紧力、刀具切削刃所能承受的最大载荷和刀具寿命等。

铣削加工过程所消耗功率和产生的扭矩可以由切向力计算:

$$T(\theta_j) = F_t(\theta_j) \cdot R \tag{8-43}$$

$$P(\theta_j) = F_t(\theta_j) \cdot \frac{\pi R n}{30} = T(\theta_j) \cdot \frac{\pi n}{30} \tag{8-44}$$

式中:F_t 表示铣削加工产生的切向力;R 表示铣刀半径;n 表示主轴转速。根据式(8-43)和式(8-44)计算,直径 32 mm 采用两刃可转位硬质合金铣刀加工航空铝合金 7150 时,在主轴转速 12 000 r/min、每齿进给量 0.18 mm、轴向切深 5 mm、径向切深 22 mm 条件下进行铣削加工,其消耗功率和扭矩如图 8-34 所示。

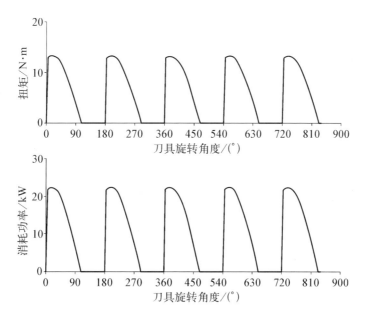

图 8-34　铣削消耗功率和扭矩图($n = 12\,000$ r/min, $f_z = 0.18$ mm, $a_p = 5$ mm, $a_w = 23$ mm)

机床额定功率 P_{mr} 和扭矩 T_{mr} 可表示为主轴转速 n 的函数,因此,铣削加工过程需要满足的约束条件可表示为

$$T(\theta_j) \leqslant T_{mr}(n) \qquad (8-45)$$

$$P(\theta_j) \leqslant P_{mr}(n) \qquad (8-46)$$

铣削加工过程中消耗的功率和扭矩可以通过切向切削力 F_t 计算,在轴向切深 a_p 和径向切深 a_w 满足加工稳定性的条件下,可以计算稳定加工过程中消耗的功率和扭矩。在指定主轴转速下,切削加工系统具有相对应的临界稳定轴向切深 $a_{p\,\mathrm{lim}}$ 和临界稳定径向切深 $a_{w\,\mathrm{lim}}$。因此,可以通过分析得出的在稳定加工条件下所消耗的功率和扭矩,得到临界稳定条件下的消耗功率和扭矩曲线图。机床性能决定了切削加工过程能够实现的最大加工效率,切削加工工艺参数的选用必须满足机床性能约束。机床性能对于加工工艺的约束主要有机床主轴额定功率和扭矩、机床主轴最大转速等。因此,机床性能参数和切削加工稳定性共同构成了切削加工工艺参数的可行空间,通过临界稳定加工条件可求解临界稳定加工条件下消耗的主轴

功率和扭矩,同时结合机床的额定功率和扭矩约束,确定合理的稳定加工工艺参数。

8.3.5 结构刚度动态变化下高效铣削加工

在切削加工过程中,精加工工序决定了零件的最终加工质量。如果精加工工序工艺参数的制订不合理,会造成零件加工表面质量差,需要增加后续钳工工序来满足零件表面质量要求,造成零件加工时间长,加工效率低;也会造成零件加工变形,甚至超过零件设计精度和公差要求,使零件报废,造成严重资源浪费和生产成本的大幅升高。因此,合理制订精加工工序的工艺参数,就是要在满足零件加工质量的条件下,实现最大的加工效率。

一般情况下,由于航空整体结构件轻量化的要求,航空整体结构件在粗加工完成后,毛坯材料大部分已被切除,因此,在精加工过程中,零件结构特征处于弱刚性状态,在这种状态下,梁缘条零件刚性随着位置的变化发生动态变化,这对于稳定切削加工提出了更大的挑战。由于缺乏相关理论指导,生产现场在对弱刚性零件结构特征进行精加工时,往往采用非常保守的加工参数,造成精加工效率非常低,而且还没有获得良好的加工质量。因此,如何实现航空整体结构件高效稳定精加工,在保证加工质量的同时提高加工效率,成为解决航空整体结构件最终产品质量和生产效率的关键技术。

由于航空整体结构件以弱刚性结构特征为主,其结构动态性能随零件位置不同而不同,随着精加工工序进行,结构动态性能也随之改变。零件结构动态性能的变化直接影响切削加工稳定性的预测。因此,航空整体结构件的结构动态性能对其精加工工艺具有决定作用[22]。航空整体结构件的结构动态性能的不断变化,决定了在加工过程中无颤振加工参数可行空间也在动态变化。详细解决方法将在后面应用案例中讲解。

8.4 应用案例

某型号平尾梁缘条系列零件共包括上下缘条等 54 种结构相似的系列化零件。以其中后梁下缘条 182A-1503 作为应用对象,如图 8-35 所示,缘条结构为具有复杂曲面特征的变截面 T 形结构,长度达 7 m,具有薄壁特征。该后梁缘条零件采用 7150-T77511 航空铝合金材料,毛坯为预拉伸型材。采用 CINCINNATI U5 五坐标大型龙门数控加工中心进行加工(见图 8-36),该机床最高转速为

图 8-35　水平尾翼后梁下缘条零件模型

15 000 r/min,工作台长度为 12 m,满足该零件的加工;同时,由于梁缘条系列零件具有左右对称特征结构件,并且结构相似,因此配合加工中心设计液压柔性工装系统实现零件的自动夹紧,以减少辅助时间和机床停机时间。后梁下缘条 182A‐1503 零件高效加工整体实施策略流程如图 8‐37 所示。

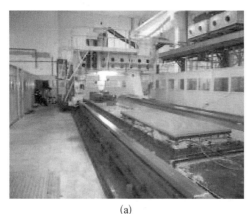 

(a)　　　　　　　　　　　　　　　　(b)

图 8‐36　飞机水平尾翼梁缘条加工机床和工装系统
(a) 五坐标大型龙门数控加工中心　(b) 液压柔性工装系统

零件毛坯材料状态对零件高效加工变形控制具有重要影响。一般情况下,经过预拉伸的航空铝合金毛坯材料残余应力较小,分布较为均衡,有利于加工变形控制。如果毛坯材料不能满足对零件的面形轮廓包络,就需要进行局部冲压成形等工艺,这将引入较大残余应力,因此必须改善成形工艺,控制残余应力或进行去应力工艺。如图 8‐38 所示,平尾梁缘条零件毛坯需要进行局部冲压成形方可用于加工,为了减小毛坯残余应力,首先对待冲压毛坯材料进行加热,待加热均匀后进行冲压,与冷冲压工艺相比,可减少毛坯残余应力 20%,将加工过程中由于毛坯残余应力释放造成的加工变形减少 25%。

8.4.1　粗加工工艺优化

在机床、工装系统、毛坯材料确定的条件下,研究不同类型结构件的高效加工工艺策略,应选用合理的切削加工刀具,制订科学的加工工艺方案。航空整体结构件高效加工工艺的制订必须根据不同加工工序时零件结构特征制订不同的方案。航空整体结构件在粗加工和精加工工序时具有不同的结构特征,粗加工时,由于航空结构件轻量化要求,材料去除量大,需要进行大余量切削,应采用大材料去除率工艺,提高加工效率。零件从毛坯状态进行加工,整体刚性较好,限制加工效率的主要因素是加工系统稳定性和机床性能。粗加工工序要求加工过程平稳运行,由于粗加工采用大余量切削,切削颤振的产生将造成切削力迅速放大,使刀具产生崩

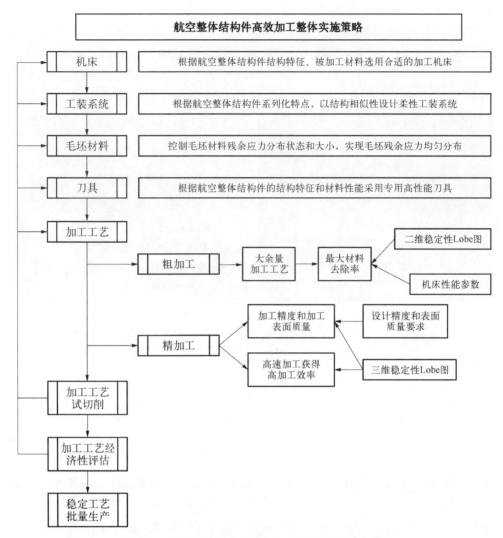

图 8-37　航空整体结构件高效加工整体实施策略流程

刃,甚至断裂,更严重将损坏机床主轴,造成严重的安全隐患。粗加工过程消耗机床功率较大,因此粗加工工艺参数必须使功率消耗小于机床主轴额定功率,作用在刀具上的扭矩必须小于机床主轴允许的扭矩。

后梁上缘条零件粗加工余量主要集中在 T 形结构的肋板两侧,需要采用大余量高效铣削加工完成。CINCINNATI U5 五坐标龙门数控加工中心进行加工,机床主轴最高转速为 15 000 r/min。主轴刀柄接口为 HSK 63A,刀具采用两刃可转位硬质合金铣刀,直径 32 mm,刀片的最大切深为 21 mm,铣刀头采用螺纹接口,与 HSK 刀柄采用螺纹形式连接。机床功率-扭矩曲线和加工刀具如图 8-39所示。

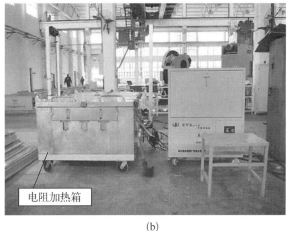

(a) (b)

图 8-38 梁缘条毛坯材料及其加热冲压成形

（a）毛坯材料及冲压成形部位 （b）毛坯材料加热冲压成形

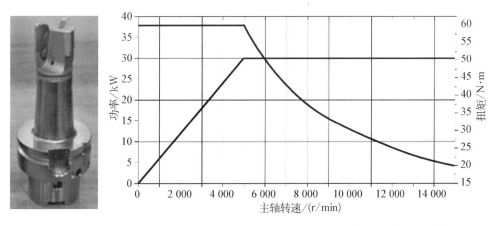

图 8-39 粗加工可转位铣刀和 U5 五坐标大型龙门数控加工中心功率-扭矩曲线

在上述切削加工系统中，对于大余量高效铣削加工工艺的主要约束条件为

$$
\begin{cases}
T(\theta_i) \leqslant T_{mr}(n) \\
P(\theta_j) \leqslant P_{mr}(n) \\
n \leqslant 15\,000 \text{ r/min} \\
a_p \leqslant 20 \text{ mm} \\
a_w \leqslant 32 \text{ mm}
\end{cases}
\tag{8-47}
$$

切削加工系统的动态性能参数通过冲击响应实验获得，如表 8-4 所示。零件按照图 8-36 装夹后，进行大余量侧铣加工，径向切深余量为 22 mm（$a_w \leqslant$ 22 mm）。根据前述加工稳定性模型，可以获得不同主轴转速对应的稳定性径向切深和轴向切深关系图（见图 8-40），形成了稳定加工轴向切深和径向切深参数可行

空间,在主轴转速 11 500 r/min 的条件下,可以获得较大的稳定性轴向切深和径向切深,根据图 8-41 可知,在轴向切深为 12 mm 或径向切深 16 mm 时,可以获得最大的稳定加工材料去除率,因此,可以提出余量分配方案如表 8-6 所示,加工每齿进给量 0.15 mm,对余量分配方案所消耗的切削功率进行预测,余量分配方案 2 满足机床功率约束,机床利用率较方案 1 高,可以获得较大的材料去除率,而分配方案 3 消耗功率超出了机床额定功率。因此选用分配方案 2 作为大余量粗加工方案。

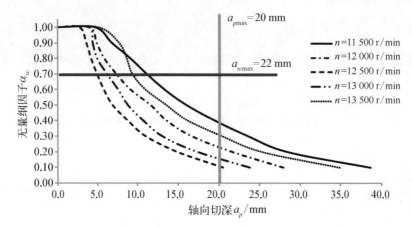

图 8-40 不同主轴转速下的稳定加工轴向切深和径向切深关系图

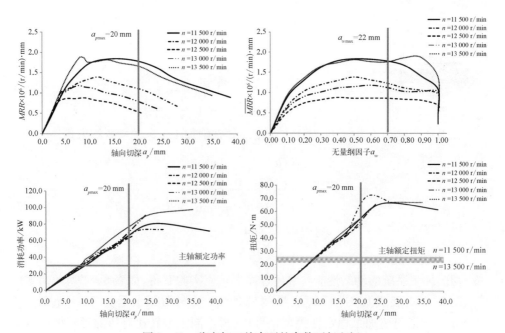

图 8-41 稳定加工约束下的参数可行空间

把余量分配方案 2 应用于零件试切削,完成零件粗加工耗时 2.5 h,材料去除率达到 455.4 cm³/min,满足零件高效加工的要求。

表 8 - 6 大余量铣削加工余量分配方案

分配方案	主轴转速/(r/min)	径向切深/mm	轴向切深/mm	最大消耗功率/kW
1	11 500	6 - 6 - 6 - 4	12	10.7
2	11 500	11 - 11	12	21.1
3	11 500	16 - 6	12	34

8.4.2 精加工工艺优化

在精加工时,由于经过粗加工的大余量切削,零件会留下大量薄壁、深腔、深槽等结构特征。加工这些弱刚性特征时要求加工过程稳定,保证加工表面质量,避免由于切削颤振而造成表面质量恶化,甚至激烈振动产生零件过切报废。因此,限制精加工效率提升的主要因素是加工系统稳定性以及零件表面质量、加工误差等是否满足设计要求。由于大型航空整体结构件在精加工过程中属于典型的弱刚性零件,零件动态性能参数在加工过程中动态变化,必须建立三维稳定性 Lobe 图来预测加工稳定性参数可行空间。在上述粗加工和精加工高效加工工艺满足零件加工质量的条件下,推广到同类型系列化零件,形成系列化零件高效批量生产。

由于飞机水平尾翼梁缘条零件的复杂结构,使得通过模态实验分析获取其结构动态特性成为唯一可靠方法。如图 8 - 42 所示,飞机水平尾翼梁缘条模态分析实

图 8 - 42 飞机水平尾翼梁缘条模态分析实验现场

验现场，模态分析实验采用 KISTLER 9724A2000 力激励锤，KISTLER 8452A 加速度传感器和 NI‐USB9233 数据采集卡。模态分析对象是经过粗加工之后的梁缘条零件，由于粗加工进行了对毛坯材料的大余量去除，经过粗加工后梁缘条零件已成为弱刚性结构件，肋板厚度由 29 mm 加工到 7 mm，长度约为 7 200 mm。精加工时，需要将肋板加工到厚度 3 mm，整个零件长度上厚度尺寸的公差为 ±0.01 mm，并要求获得低于 3.2 μm 的表面粗糙度。因此，精加工工艺优化以保持稳定加工对零件加工是否合格具有决定性作用。

　　研究零件沿长度方向的连续模态参数变化，如图 8‐43 所示。实验中在零件的长度方向上每隔 300 mm 进行一次模态参数测定，共进行 25 个位置点的模态参数测量。实验中，在零件上选定的测量位置处放置加速度传感器，使其紧贴于零件肋板表面，然后通过力激励锤冲击与加速度传感器位置相对应的薄壁零件背面，获得该位置上的零件模态结构特征参数。

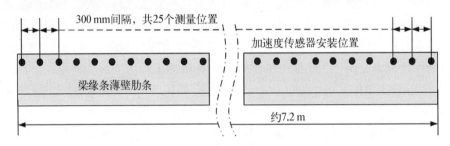

图 8‐43　梁缘条零件模态测试点

　　经过测量，梁缘条零件的模态参数如表 8‐7 所示。从表中数据可以发现，在梁缘条薄壁肋条厚度方向的模态参数随着加工位置的不同有着明显的连续变动，将会直接导致加工时工艺系统刚性的波动。所以，在整个梁缘条精加工过程中加工工艺参数和工艺策略单一将可能导致局部加工不稳定、加工质量下降、刀具磨损加剧、表面粗糙度差、肋板厚度尺寸超差报废等。因此，必须针对每个测量点进行工艺优化，以获取全局工艺参数的稳定加工。需要对所有测量点进行加工稳定性分析，形成一个沿梁缘条长度方向连续的稳定性 Lobes 三维空间，在此基础上寻找稳定加工参数可行空间，并寻求高效加工。如图 8‐44 所示，稳定性 Lobes 三维空间可以有效指导精加工参数选取。

表 8‐7　梁缘条肋板不同位置处的模态参数

序　号	测量位置/mm	固有频率 ω_n/Hz	等效阻尼比 ζ/%	等效刚度 k/(N/m)
1	0	301.975 8	3.84	1.44×10^7
2	300	394.884 5	2.26	1.21×10^7
3	600	351.687 2	5.31	1.88×10^7

（续表）

序 号	测量位置/mm	固有频率 ω_n/Hz	等效阻尼比 ζ/%	等效刚度 k/(N/m)
4	900	791.951 5	2.00	2.30×10^7
5	1 200	682.635 4	5.78	2.84×10^7
6	1 500	842.763 4	1.36	1.75×10^7
7	1 800	984.994 5	1.02	5.67×10^7
8	2 100	824.165 5	0.36	6.99×10^7
9	2 400	548.564 8	0.56	4.65×10^7
10	2 700	562.954 1	0.85	11.21×10^7
11	3 000	934.715 6	1.78	8.61×10^7
12	3 300	371.365 4	0.66	6.18×10^7
13	3 600	568.159 8	0.57	7.32×10^7
14	3 900	984.452 1	0.89	9.02×10^7
15	4 200	769.915 68	0.24	13.66×10^7
16	4 500	258.256 9	3.67	5.78×10^7
17	4 800	669.459 7	3.87	8.34×10^7
18	5 100	694.123 6	2.99	5.33×10^7
19	5 400	876.132 8	3.84	4.25×10^7
21	5 700	954.954 5	5.67	6.14×10^7
22	6 000	745.459 7	6.97	5.29×10^7
23	6 300	379.364 87	4.88	1.84×10^7
24	6 600	548.584 7	6.47	4.32×10^7
25	6 900	325.254 4	7.15	1.77×10^7

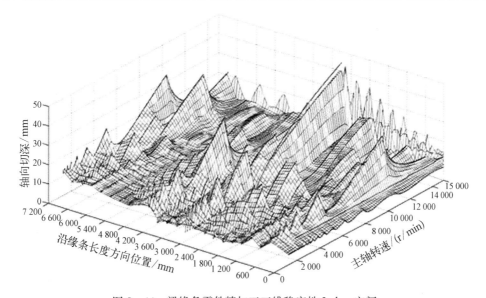

图 8-44 梁缘条零件精加工三维稳定性 Lobes 空间

根据稳定性 Lobes 三维空间,若进行精加工工艺优化,无颤振优化参数可以有三种方式:固定转速选取最小临界稳定轴向切深,固定转速选取变化临界稳定轴向切深,以及固定切深、选用无颤振主轴转速。

1) 固定转速选取最小临界稳定轴向切深

在精加工过程中,一般采用较大主轴转速进行铝合金加工,因此,选用主轴转速 12 000 r/min,根据三维 Lobes 空间,对应最小临界稳定轴向切深 6 mm。该最小临界稳定轴向切深位于零件尾部刚性最差位置。

2) 固定转速选取变化临界稳定轴向切深

若采用变化临界稳定轴向切深,在图 8 - 43 沿转速 12 000 r/min 取剖面,可得临界稳定轴向切深随缘条长度方向变化的曲线图。如图 8 - 45 所示,可制订固定主轴转速变切深工艺参数和走刀路径方案。但是,变切深工艺在实际应用中并不方便,不利于编程和加工精度检测。

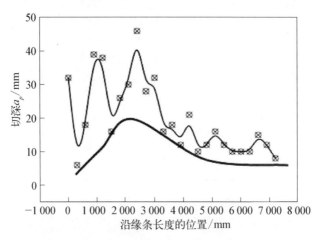

图 8 - 45　梁缘条零件精加工变切深优化工艺

3) 固定切深,选用无颤振主轴转速

若选定一个固定的切深值 6 mm,就可以在图 8 - 44 的剖面上找出一个稳定性区域,根据稳定性区域沿梁长度方向的分布情况选择一套固定切深变转速的工艺参数,如图 8 - 46 所示。在梁缘条零件的头部(0 mm 处)相对铣削稳定性更好,能够支撑较高的铣削速度,因为梁缘条零件的头部结构刚性较大。而在结构刚性相对较弱的尾部(7 200 mm)处,稳定性较差,稳定铣削速度也较低。

采用变转速工艺优化有利于在实际应用中编程实现,而且不会影响加工精度的测量。因此,在实际生产中采用此方法,每齿进给量 0.13 mm,切宽 1.5 mm,完成整个零件肋板精加工耗时 1 h 50 min,零件加工表面质量 $Ra < 1.6\ \mu m$,满足各项零件设计要求。

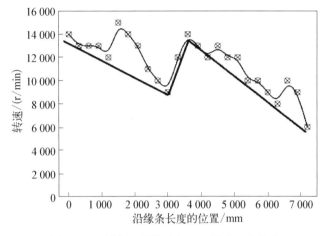

图 8 - 46　梁缘条零件精加工变转速工艺优化

8.5　小结

　　针对梁缘条等航空整体结构件的结构特征,可以采用科学合理的方法指导工艺路线的制订和加工参数的选用,研制先进的柔性工装系统与先进数控加工设备配套,实现加工效率的大幅提升。高效加工技术和柔性工装技术在梁缘条零件制造中的应用成功,为企业带来生产效率提升、加工质量改善和生产成本的降低,最终建立高效稳定的自动化生产线。

参考文献

［1］　张国良.航空铝合金梁缘条铣削性能及变形预测控制［D］.上海:上海交通大学,2010.

［2］　陈明,明伟伟,戎斌,等.一种飞机水平尾翼梁缘条的制造方法:CN,CN102319989B［P］.2013.

［3］　王亮,李东升,刘凤贵,等.飞机壁板类组件数字化装配柔性工装技术及应用［J］.航空制造技术,2010(10):58-61.

［4］　陈昌伟,胡国清,张冬至.飞机数字化柔性工装技术研究［J］.机械设计与制造工程,2009,38(9):21-24.

［5］　陈华,陈蔚芳,郑会龙.薄壁件装夹方案优选的有限元模拟［J］.组合机床与自动化加工技术,2008(3):63-67.

［6］　李树军,许元恒,邓波,等.制孔末端执行器压紧单元设计［J］.机械制造,2014,52(9):15-17.

［7］　刘光复,陈熙源,刘学平,等.切削颤振模型及机理研究［J］.机械工程学报,1998,34(4):40-46.

［8］　孙雅洲,刘海涛,卢泽生.基于热力耦合模型的切削加工残余应力的模拟及试验研究［J］.机械工程学报,2011,47(1):187-193.

［9］　宋戈,李剑峰,孙杰.基于铣削力精确建模的工件表面让刀误差预测分析［J］.机械工程学

报,2013,49(21):168-175.

[10] 孙杰,柯映林.残余应力对航空整体结构件加工变形的影响分析[J].机械工程学报,2005,41(2):117-122.

[11] 张东进.切削加工热力耦合建模及其试验研究[D].上海:上海交通大学,2008.

[12] 梅中义,王运巧,范玉青.飞机结构件数控加工变形控制研究与仿真[J].航空学报,2005,26(2):234-239.

[13] 孟书云,刘兰英,华茂发.复杂曲面高效加工的环切刀具路径生成方法[J].机床与液压,2009,37(11):26-29.

[14] 潘永智,艾兴,唐志涛,等.基于切削力预测模型的刀具几何参数和切削参数优化[J].中国机械工程,2008,19(4):428-431.

[15] 宋昌才.高速机床与高速切削在现代机械加工中的应用[J].新技术新工艺,2002(9):2-5.

[16] 李晓舟,王晓冶,于化东,等.精密微切削加工系统的研制及结构动态特性分析[J].机械制造,2014,52(3):9-12.

[17] Yusuf Altintas. Manufacturing Automation: Metal Cutting Mechanics, Machine Tool Vibrations, and CNC Design[M]. Cambridge University Press, 2000.

[18] 汤爱君,马海龙.切削加工系统再生颤振机理的研究概况[J].工具技术,2007,41(10):17-19.

[19] 刘强,尹力.一种面向数控工艺参数优化的铣削过程动力学仿真系统研究[J].中国机械工程,2005,16(13):1146-1150.

[20] Budak E, Altinta Y. Analytical Prediction of Chatter Stability in Milling——Part I: General Formulation[J]. Journal of Dynamic Systems Measurement & Control, 1998, 120(1):31-36.

[21] 汤爱君,马海龙.薄壁零件切削稳定性的研究现状[J].工具技术,2007,41(12):11-13.

[22] 吕佩珊.机床结构刚度非线性条件下的切削过程动态稳定性研究[J].华中科技大学学报(自然科学版),1987(4):49-52.

9 民用飞机蒙皮类零件高效精密数控加工关键技术

蒙皮零件既是飞机的外表零件,又是飞机的重要受力构件[1]。蒙皮零件一般尺寸比较大,多采用预成形大型整体复杂薄壁结构,结构件厚度薄且变化大,加工中结构刚性动态变化。例如空客 A380 翼面蒙皮长 33 m,宽 2.5 m,厚 3~28 mm。飞机机翼和尾翼蒙皮形状通常为直母线单曲度。机身蒙皮形状有单曲度的,但是多数呈双曲度。机身头部、尾部以及整流罩的蒙皮(见图 9-1),形状则更为复杂。飞机蒙皮零件厚度比较薄(一般为 2~4 mm 左右),且形状根据受力情况不同而变化,有些蒙皮零件可能是不等厚度的,有的蒙皮则是变截面的。为了减重,有的蒙皮零件在受力小的部位,还要进行局部厚度的减薄加工。

图 9-1　飞机机头和机身蒙皮

飞机蒙皮的作用是维持飞机外形,使之具有良好的空气动力特性。蒙皮承受空气动力作用后将作用力传递到相连的机身机翼骨架上,受力复杂,加之蒙皮直接与外界接触,所以不仅要求蒙皮材料强度高、塑性好,还要求表面光滑,有较高的抗蚀能力。因此,飞机蒙皮逐渐采用新一代铝锂合金材料代替传统的超硬铝合金。铝锂合金具有高比强度、抗腐蚀性和抗疲劳性能等优良特性,与复合材料相比具有极高的性价比,特别适宜于作为民用飞机蒙皮材料。蒙皮是飞机的外表零件,所以蒙皮零件外形精确度要求比较高。在采取无余量装配方案情况下,蒙皮边缘须直接加工至设计尺寸,交付时不留余量,因此蒙皮边缘切割也要求比较精确。同时,对蒙皮开缺口的位置和缺口形状要求也比较精确。在采取装配孔装配的情况下，装配孔是零件的定位基准，所以蒙皮上的装配孔位置精度要求比较高。由于蒙皮本来就很薄，在蒙皮上再进行局部减薄加工，其减薄部位厚度公差控制要求就比较严。蒙皮类大尺度薄壁整体结构件不仅尺寸大，非常容易变形，而且结构复杂，形状精度要求很高，制造难度相当大。此外，大型薄壁件的外形多数与飞行器的气动性能有关，周边轮廓与其他零部件还有复杂的装配协调关系，装配难度也非常大。因此多年来，大型航空薄壁件制造技术作为飞机机体制造的六大关键技术之一，一直困扰着航空工业，飞机蒙皮类零件对高效精密加工技术的需求十分迫切。

9.1　飞机蒙皮类零件传统化铣技术

飞机蒙皮零件制造的传统工艺首先是在蒙皮通过拉伸成形或滚弯成形后，按蒙皮成形模上零件边缘线在其边缘切割和开缺口。成形模上零件边缘线，过去是用模线样板刻制，刻线误差比较大。近年来，用五坐标数控机床在成形模上刻出零件边缘线，虽刻线精度有所提高，但是由于刻线有一定宽度，依靠目视按刻线切割零件边缘和开缺口，误差仍然比较大。为避免在装配时产生不协调，一般办法是，蒙皮零件交付时在边缘和开缺口处都留有余量，有时甚至连蒙皮零件上的缺口也不开，而由装配单位根据装配情况锉修蒙皮零件余量和开缺口。一般情况蒙皮零件上不制孔，孔都在装配时钻制。如果非要在制造蒙皮时制孔，一种是按立体钻孔样板制孔，另一种是在蒙皮成形模上加钻模盖板，按钻模盖板钻蒙皮上的孔。制造立体钻孔样板和制造钻模盖板比较麻烦，孔的位置精度也不理想。

采用化铣(chemical milling)可以在蒙皮上进行局部减薄加工[2]，如图 9-2 所示。通过化铣对蒙皮壁板局部减薄，形成多台阶薄壁结构，可使蒙皮壁板重量减轻40%以上。化铣指的是将金属材料要加工的部位暴露于化学介质(铝合金化学铣

图 9-2　飞机蒙皮化铣加工

切主要采用氢氧化钠溶液)中进行腐蚀,从而获得零件所需的形状和尺寸。

化铣工艺涉及的主要化学反应有:

$$2Al + 2NaOH + 2H_2O = 2NaAlO_2 + 3H_2 \uparrow$$

$$NaAlO_2 + 2H_2O = Al(OH)_3 \downarrow + NaOH$$

其主要工艺流程:碱清洗→水洗→脱氧→水洗→干燥→涂保护胶→剥离保护胶→化铣→干燥→去保护胶[3]。化铣速度和化铣表面粗糙度是化铣加工的重要指标。化铣液的温度、NaOH 的浓度、铝离子的浓度对化铣速度都有影响,其中NaOH 浓度是影响化铣速度最显著的因素。化铣表面粗糙度与化铣液的温度、化铣厚度、NaOH 的浓度、铝离子浓度以及毛坯表面粗糙度有关。

对于单曲率多台阶薄壁蒙皮壁板,目前一般采用"预拉伸—滚弯—初切割—化铣—切割—氧化—喷漆"工艺路线;对于双曲率多台阶薄壁蒙皮,一般采用"预拉伸—拉形—初切割—化铣—切割—氧化—喷漆"工艺路线。化铣不产生切屑,没有加工残余应力,没有工件之间协调问题。铝合金化铣是目前飞机蒙皮壁板去材加工的成熟工艺,但是化铣工艺已不符合现代加工绿色、高效和精密的技术发展趋势,其工艺也存在诸多难以控制的问题[4]。主要问题如下:

(1)过程不确定因素多,零件相对尺寸和厚度精度控制难。表面粗糙度相对于机械铣削差。若要求蒙皮零件进行无余量装配,必须另外配备十分昂贵的五坐标蒙皮精确铣,才能实现对蒙皮的精确切割、开缺口和制孔。

(2)化铣的保护胶膜刻线工艺比较繁杂,要设计制造立体的化铣样板,按化铣样板在保护胶膜上进行刻线,需化铣部位要撕去保护胶膜。制造化铣样板流程长、精度低。按样板依靠手工在保护胶膜上进行刻线误差大、效率低,撕去保护胶膜时容易出现质量问题。

(3)会导致晶界腐蚀和点蚀,容易降低构件疲劳性能。

(4)飞机蒙皮多采用多台阶薄壁件,每一层台阶需要一次化铣过程,加工效率低。

(5)废弃的化铣液会污染环境,不符合绿色加工要求;对于加工新一代铝锂合金蒙皮来说,化铣还需采取防燃防爆措施,增加了工艺复杂性、成本及安全风险。

(6)化铣工艺仅能对需要减薄部位进行蒙皮的减薄加工,而蒙皮的边缘切割、开缺口和制孔,还必须依靠其他设备来完成。

飞机制造业面临着日益严苛的环保和节能要求的挑战。沿袭多年的传统飞机蒙皮化铣加工工艺,由于化学污染、耗电量大和消耗铝材无法回收等固有弊病已经成为一种不可持续的加工方法。同时,化铣的表面光洁度和精度难以精确控制,化学腐蚀降低蒙皮零件的服役性能,降低了飞机的疲劳寿命,严重制约了飞机蒙皮类零件的加工质量和加工效率。因此,国际上一些飞机制造公司与设备制造厂商合作,研究开发用于飞机蒙皮类零件的数控铣削加工设备,探讨以数控加工代替化铣的新工艺,以实现蒙皮类零件的高效、绿色、精密数控铣削加工。

9.2 飞机蒙皮镜像铣削技术

飞机蒙皮数控铣削既能精确完成蒙皮的边缘切割、铣口和制孔,也能实现蒙皮厚度的精确控制,表面光洁度比化铣好,加工表面的台阶圆弧过渡也比化铣光滑,有利于提高飞机的疲劳寿命;数控铣削加工不存在环境污染问题,加工的废屑还可以回收利用,加工效率比化铣高[5]。所以,用数控铣削替代化铣加工蒙皮,无论从加工质量、生产效率还是从经济性来看,都具有明显优势。但是,由于飞机蒙皮是预成形大型整体复杂薄壁结构,对数控铣削加工设备和加工工艺提出了更高的要求。美国诺斯洛普·格鲁门公司(Northrop Grumman)开发出龙门式可重组工装。美国 Electroimpact 公司为空客飞机机翼的制造开发了大型柔性工装系统。西班牙 MTorres 公司开发了飞机板类零部件制造的柔性工装 TORRESTOOL。法国杜菲工业公司(Dufieux Industrie)开发了新型镜像铣系统(mirror milling system, MMS),主要用于蒙皮类零件的铣切加工。目前,世界上用数控铣削替代化铣的技术途径有两类。一种是镜像铣,另一种是多功能数控蒙皮精确铣。这两种技术都具有对蒙皮精确铣切边缘、精确开缺口、精确制孔和蒙皮厚度精确加工等四个方面的功能,形成蒙皮铣边—铣缺口—制孔—厚度精确加工一体化成套加工技术。

9.2.1 镜像铣系统及其技术特点

法国杜菲工业公司和空客近年来联合开发出蒙皮镜像铣系统。镜像铣系统是一种用于蒙皮铣切加工的新型柔性加工系统。该系统采用立式夹持框架从周边对被加工蒙皮进行固定,并通过随动支承头对被加工部位进行支承[6]。支承头和刀具位于被加工工件两侧,成镜像布局。支承头采用无划痕设计,可在计算机控制下保持与工件曲面接触并随刀具运动,其位置和姿态与刀具位置姿态时刻成镜像关系,从而实现对工件加工部位的高刚度支承,有效抑制颤振,保证加工顺利进行。镜像铣系统是由两台同步运动的五坐标卧式加工机床组成。一台是五坐标卧加,其主轴头为加工头。另一台是类五坐标卧加,其主轴为支撑头,不转动,仅起支撑作用。卧加的主轴头在进行切削时,支撑头在蒙皮另一侧进行法向支撑(见图 9-3)。加工头与支撑头在同一法矢上同步运动(见图 9-4)。加工头与支撑头之间的距离,即蒙皮需要加工的厚度,在同步运动中,控制好规定距离,即可实现蒙皮厚度的精确铣切。加工头与支撑头犹如互相对指的两只手指头(见图 9-5),好似镜像,故称为镜像铣,其三维示意如图 9-6 所示。

镜像铣系统的技术特点主要有[7]:

(1) 蒙皮通过其周边装夹成立位,刀具和无划痕支承头分别位于蒙皮左右两侧,沿蒙皮曲面镜像对称移动,始终进行点对点法向支承和铣切,保证加工部位有

图 9-3　蒙皮镜像铣主轴及支撑头

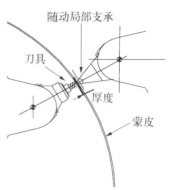

图 9-4　镜像铣示意图

图 9-5　蒙皮镜像铣主轴及支撑头比喻

图 9-6　镜像铣三维示意图

足够刚性,无震颤,从而实现加工深度的精准控制。

（2）专用软件通过激光扫描蒙皮拉伸后的实际形面而生成刀具和支承头空间曲面运动路径和零件加工程序。

（3）一套柔性定位工装和可翻倾柔性周边夹持系统,可适应各种规格蒙皮,保证工件空间定位和夹持刚性,保形准确。

（4）蒙皮夹持框可通过转台旋转 180°自动换面,无需重新装夹蒙皮即可加工蒙皮两侧。

（5）立式装夹和卧铣有利排屑和散热,防止蒙皮热变形。

（6）一次装夹完成拉形后蒙皮的全部加工（蒙皮立体下料和铣不同形状及深度的凹腔）。

（7）便于扩展成蒙皮加工柔性线,即多台 MMS 主机共用一套蒙皮上下料系统和沿轨道移动的回转台,实现装卸不同蒙皮时主机不停机,从而大大提高生产率和生产灵活性。

9.2.2　镜像铣系统结构及作业流程

以法国杜菲工业公司 PERFORM MMS 8008 镜像铣系统为例[4],其主要结构如图 9-7 所示。MMS8008 主机结构形式属于对称双立柱移动卧式加工中心,左为切削立柱,右为支承立柱,立柱上下均有导向支承,零件夹持框进入中央导轨后固定。如图 9-8 所示为蒙皮加工系统,包括蒙皮上下料站,对接和换面回转台,主机室。整个主机安装在专门设计的混凝土加工室内加以屏蔽;每立柱各有 6 个数控轴,直线电机驱动,最大进给速度 40 m/min;高速电主轴转速 30 000 r/min,功率40 kW;适合加工的蒙皮尺寸:长 1 000～10 500 mm,宽 800～3 300 mm,厚 0.5～12 mm,拱高 0～1 200 mm。

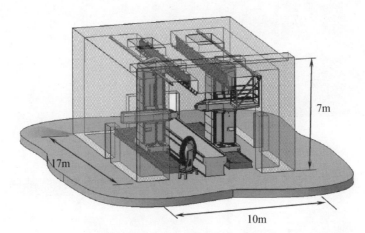

图 9-7　法国杜菲工业公司 PERFORM MMS 8008 大型机主机

图 9-8　MMS 蒙皮加工系统:蒙皮上下料站、对接和换面回转台和主机室

　　MMS 蒙皮加工系统作业流程如图 9-9 所示。首先蒙皮水平安放并进行激光定位,利用柔性夹持框进行保形装夹;然后夹持框自动由卧式转为立式,进入机床加工工作室;通过形面激光扫描,生成夹持后的零件几何模型,进行编程和修正模型;完成镜像铣切和钻孔等全部工序;加工完成后的蒙皮由夹持框自动输送到装卸站卸料。

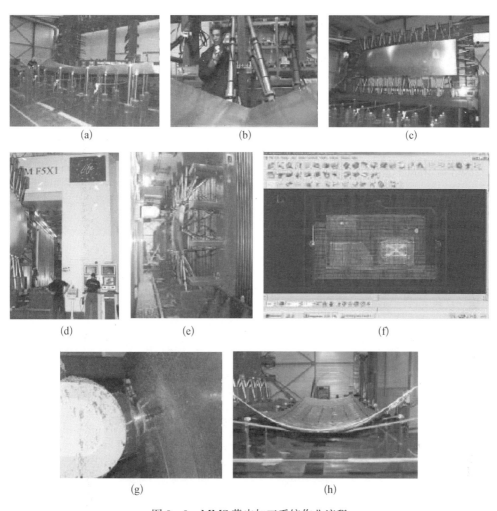

图 9-9　MMS蒙皮加工系统作业流程

（a）蒙皮水平安放维形和激光定位　（b）周边水平装夹保形在柔性夹持框内　（c）夹持框自动卧-立翻转　（d）夹持框经回转台对接进入加工室　（e）蒙皮形面激光扫描　（f）MAP 软件生成零件程序　（g）MMS 镜像铣切和钻孔，完成所有加工　（h）加工完的蒙皮由夹持框自动输送回装卸站卸料

9.2.3　镜像铣系统主要模块

1）蒙皮加工厚度控制模块

为控制蒙皮加工的厚度公差，在支撑头上设置了超声测厚装置，可对蒙皮加工厚度进行在线测量。该装置不仅能显示测量结果，输出质量报告，还能反馈到机床控制系统，对加工头与支撑头之间的距离进行实时控制，以实现蒙皮厚度的精确铣切。用这种方法进行加工的蒙皮，其壁厚的加工误差直接取决于加工头与支撑头之间距离的控制精度，而不受原材料厚度公差、蒙皮成形中的局部变薄量和蒙皮外形误差的影响。这种控制厚度绝对尺寸的方法，称为直接控制法。

2) 蒙皮柔性定位工装模块

在镜像铣机床上给蒙皮零件定位装夹有两种方案：一种是采用三坐标柔性定位真空吸盘，另一种是采用蒙皮夹持框。柔性定位真空吸盘方案是通过三坐标柔夹定位装夹蒙皮。三坐标柔性定位装置的空间坐标根据蒙皮零件数模来定，加工头与支撑头的运动根据蒙皮数模来编程。蒙皮定位装夹设备如图 9-10 和图 9-11 所示。由于柔性定位装置在支撑头一侧（见图 9-12），支撑头活动范围则会受柔性定位装置限制，因此在进行蒙皮铣厚时，应先铣切支撑头活动不受限制的部位。然后移动柔性定位装置，再完成其他需要铣切的部位。

图 9-10　多点柔性定位真空吸盘

图 9-11　柔性夹持框

图 9-12　柔性定位装置在支撑头一侧

蒙皮的切边、铣缺口和制孔也是在三坐标柔性真空吸盘定位装夹的情况下进行的。为防止蒙皮在铣边、铣切口时出现颤振，在铣头上还设置了跟随铣刀运动的蒙皮支撑装置（见图 9-13 和图 9-14）。

另一种蒙皮镜像铣同样也是采用蒙皮加工厚度直接控制法，但蒙皮装夹采用的是夹持框（见图 9-15）。蒙皮夹持框四周有一批可伸缩的万向夹持臂，夹持臂根

图 9-13　蒙皮切边防振支撑装置　　　图 9-14　支撑情况下的蒙皮切边

据蒙皮形状,把蒙皮四周夹持住并保形。用夹持框保形的蒙皮,其外形与数模不会完全一致。若仍按蒙皮零件数模编程控制加工,则难以确保蒙皮铣切厚度。为此,在用夹持框固定好蒙皮后,需要用激光扫描装置对夹持固定好的蒙皮进行形状扫描,然后根据扫描结果,对原数模编程进行修整,以确保刀具运动轨迹与夹持状态下的蒙皮形状一致。由于在铣切厚度时,蒙皮加工的另一侧没有三坐标柔性定位装置,支撑头移动不受限制,蒙皮加工可在同一夹持状态下一次完成蒙皮边缘的精确铣切、蒙皮的铣缺口和蒙皮的精确制孔,提高加工效率。但是,在这种状态下切边、铣缺口时,蒙皮上必须留搭子,然后需人工去除搭子。

图 9-15　采用夹持框的蒙皮镜像铣

9.2.4　蒙皮镜像铣系统应用案例

某飞机制造厂拥有 7 台 MMS8008 蒙皮镜像铣组成的蒙皮柔性生产线(7 台主机共用 1 套上下料站和沿轨道移动的旋转换面和对接台),如图 9-16 所示。对年生产 7 000 张蒙皮的效益做了统计分析和比较,结果如表 9-1 所示。镜像铣系统在蒙皮加工过程中,基本上不产生任何废料和污染,消耗电能仅为化铣的 42.8%,而且加工所产生的切屑可以回收利用,既降低了成本,又节约了资源和能源。

图 9-16　7 台 MMS 飞机蒙皮加工柔性生产线

表 9-1　蒙皮镜像铣和化铣节能效益对比（年生产 7 000 张蒙皮）

加工消耗或副产物	化　铣	镜像铣
H_2O/m^3	225 000	0
CO_2/t	6 200	0
溶剂/t	6 200	0
OIW 普通工业废料/t	300	0
SIW 特殊工业废料/t	9 000	0
VOC 挥发性有机混合物/t	850	0
电能/(MW·h/a)	7	3
切屑回收/t	0	700

　　针对空客 A320 下机壳中央蒙皮和 A320 横向中左蒙皮加工效率进行比较，镜像铣和化铣加工时间对比如表 9-2 所示。蒙皮镜像铣系统加工针对空客 A320 下机壳中央蒙皮加工时间仅为化铣加工时间的 40%，加工 A320 横向中左蒙皮加工时间仅为化铣加工时间的 22%。镜像铣系统加工效率远高于化铣。

　　综上所述，采用 MMS 飞机蒙皮镜像铣加工替代传统的化铣工艺，可以简化蒙皮加工的工艺流程，减少设备数量和种类，不仅环保节能，节约设备购置和运行成本，而且显著提高了零件加工质量和生产率，是一项值得引进和推广的新技术。另外，该设备适合于从单台主机配备 1 套辅助系统（上下料站和旋转换面对接台）扩展为多台主机共用 1 套辅助系统的蒙皮柔性生产线，以适应提高产能的要求并减少后续购置成本。蒙皮镜像铣与化铣相比，按年加工 7 000 张蒙皮的产量计算，可以实现作业时间减少 50%，作业成本降低 50%，回收利用切屑 700 t，总费用节省 500 万欧元。

表 9 - 2 蒙皮镜像铣和化铣加工效率对比

蒙 皮 类 型	镜像铣 加工时间	化铣 加工时间
A320 下机壳中央蒙皮 	10 h 45 min	26 h 00 min
A320 横向中左蒙皮 	8 h 00 min	36 h 45 min

9.3 多功能飞机蒙皮精确铣削技术

多功能蒙皮精确铣是在仅能进行切边、铣缺口、制孔的蒙皮精确铣基础上的进一步发展[8]。原有的蒙皮精确铣是在高速龙门加工中心上进行,由于要定位装夹双曲度薄蒙皮,在龙门加工中心上配备了柔性定位装置,用以定位支撑和固定蒙皮。这种机床不仅可用于飞机蒙皮边缘切割、铣缺口和制孔,还可用于飞机复合材料结构件的切边、铣缺口和制孔。但原有蒙皮精确铣不具有替代化铣进行蒙皮厚度加工能力。原因是蒙皮薄、刚度差,仅依靠柔性夹具支撑薄蒙皮进行厚度加工,无法确保蒙皮加工的厚度公差。因此,提高在柔性夹具支撑条件下薄蒙皮加工刚度,确保蒙皮厚度加工误差,正是集切边、铣切口、制孔和厚度加工于一体的多功能蒙皮精确铣的核心关键技术所在。

近年来,世界一些著名的机床制造厂商在这方面做了很多研究探讨,并取得了实质性进展,开发的新型蒙皮精确铣系统如图 9 - 17 所示。其中典型代表就是西班牙 M. Torres 公司,其蒙皮表面铣设备的设计实现了机床最高程度的柔性化、可靠性、精度指标和动态性能,其设计是基于在世界上广泛使用在各种不同领域和用户的 TORRESMILL 铣床和 TORRESTOOL 柔性夹具的概念。

图 9 - 17　新型蒙皮精确铣系统

9.3.1　多功能蒙皮精确铣系统结构及其主要模块

要实现集切边、铣切口、制孔和厚度加工于一体的多功能蒙皮精确铣,系统必须具备适用于蒙皮精确铣的高速铣削加工中心,高柔性化的自动柔性夹具,以及具备自动测厚补偿功能的多点支撑装置。以西班牙 M. Torres 公司多功能蒙皮精确铣系统为例,多功能蒙皮精确铣主要由 TORRESMILL 铣床、TORRESTOOL 柔性夹具和 TORRESHOLDER 支撑装置组成。

1) TORRESMILL 铣床

TORRESMILL 铣床可以根据不同的加工要求选用立式 TORRESMILL 龙门铣(见图 9 - 18)和卧式 TORRESMILL 龙门铣(见图 9 - 19),配合不同的 TORRESTOOL 柔性夹具使用。

图 9 - 18　立式 TORRESMILL 龙门铣　　　　图 9 - 19　卧式 TORRESMILL 龙门铣

TORRESMILL 铣床总体性能如表 9-3 所示。

表 9-3 TORRESMILL 铣床总体性能参数

轴	行 程	轴速度	轴加速度	定位精度	重复精度
X	最大 40 m	60 m/min	高达 4 m/s²	0.075 mm（行程＜33 m）	0.04 mm
Y	2.5～7.8 m	60 m/min	高达 4 m/s²	0.04 mm	0.02 mm
Z	1～2 m	30 m/min	高达 4 m/s²	0.02 mm	0.01 mm
C	±360°	25 r/min	720°/min	±10″	±5″
A	±110°	18 r/min	720°/min	±10″	±5″

TORRESMILL 铣床采用五坐标高速主轴（A/C 旋转轴），高速铣头采用立柱式配置，铣头上带有推头，通过确保工件与背后支撑装置（使用 6 个气缸）的合适接触，来实现精密的铣削加工过程，如图 9-20 所示。

图 9-20 TORRESMILL 铣床主轴、铣头及推头

2) TORRESTOOL 柔性夹具

TORRESTOOL 柔性工装系统是一种用于支承板类零部件的柔性多点固定装置。它采用模块化结构，包括一定数量的可以沿 X 坐标运动的排架，排架上装配有一定数量的可沿 Y 坐标和 Z 坐标运动的支承杆，每个支承杆上装配有真空吸盘，用以固定工件。这样，每一个支承杆都可以在计算机的控制下，沿 X、Y、Z 坐标移动（同一排架上支承杆的 X 坐标相同），并可被锁定，如图 9-21 所示。TORRESTOOL 系统在 X 方向上，两个相邻排架之间的最小距离是 500 mm。

TORRESTOOL 柔性工装系统主要性能如表 9-4 所示。

TORRESTOOL 柔性工装是在蒙皮零件与柔性夹具之间，增加一块既有一定柔性又有一定刚性且可抽真空的吸盘（见图 9-22），以提高加工时的工件刚度，既可满足单曲度薄蒙皮加工，还能适应双曲度薄蒙皮加工。

图 9-21　TORRESTOOL 柔性工装系统

表 9-4　TORRESTOOL 柔性工装系统主要性能参数

方　向	排架/鞍座数目	行程/mm	定位速度/(mm/min)
X	15	14 000	3 000
Y	每个排架上有 6 个鞍座	3 000	1 000
Z		750	750

图 9-22　TORRESTOOL 柔性工装真空吸盘

　　仅采用真空垫还不足以确保蒙皮厚度加工的精度,因为真空垫具有一定厚度,抽真空后蒙皮的内形与蒙皮数模不可能完全一致。为此,机床上还需要配备激光扫描装置,对固定好蒙皮内形进行扫描,然后再根据扫描结果对原数模编程进行修整,以确保刀具运动轨迹与夹持状态下的蒙皮形状一致。这种以蒙皮内形表面为基准,通过控制下陷加工深度来确保蒙皮加工厚度精确度的方法,是一种对蒙皮加工厚度进行间接控制的方法。

3) TORRESHOLDER 支撑装置

若原材料本身的厚度有较大公差或成形中的局部变薄量比较大,仅按蒙皮内形控制刀具轨迹,还不能确保蒙皮加工的厚度公差。因为若只按蒙皮内形控制刀具轨迹,则原材料本身厚度公差或成形中的局部变薄量,都会增加最终的蒙皮厚度加工误差。因此,比较完备的方案是,在机床上配备超声测厚系统,将厚度信息反馈到机床控制系统,对原数模编程进行修整。当原材料本身的厚度公差和成形中的局部变薄量不大时,可以不使用该装置,但机床必须具备测厚和数据反馈控制修整程序的能力。该测厚系统同时可用于产品完工后对厚度公差的检测,并形成检测报告。

TORRESHOLDER 支撑装置(见图 9-23)由控制 TORRESMILL 铣床的同一个 CNC 来控制,与工件表面成法向的高度刚性装置,并集成在线厚度测量装置。

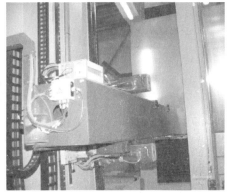

图 9-23 TORRESHOLDER 支撑装置

超声波厚度在线控制装置及质量控制技术测量精度达到 0.02 mm,测量范围 0.2~20 mm。通过位于支撑头上的超声波传感器(见图 9-24),提供一个厚度在线测量和修正装置。采用更新频率很高的超声波传感器,可以实现在整个铣削加工过程中的厚度闭环控制。由于支撑装置完全按照刀具轨迹来行进,整个铣削区域的厚度值都记录并储存在一个数据文件中。该数据文件用作加工过程的质量报告(QCS),为便于处理来自超声波传感器的数据,可以将数据用软件表示为蒙皮厚度分布云图(见图 9-25),对超出公差带的可能区域进行分析,进行蒙皮厚度的补偿加工。

9.3.2 多功能蒙皮精确铣系统工作流程

以 M. Torres 公司多功能蒙皮精确铣系统为例,其工作流程如下:

(1) 在 TORRESTOOL 柔性夹具上装载蒙皮;

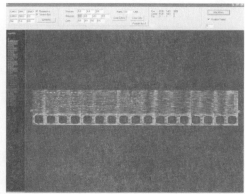

图 9-24　支撑头上的超声波传感器　　　　图 9-25　蒙皮厚度分布云图

（2）在可用区域启动 CNC 表面铣削程序执行；

（3）TORRESTOOL 柔性夹具排架从盲区重新定位到显区（对于 10 个排架的 TORRESTOOL 柔性夹具需要 8 次重新定位，已包含在 CNC 工件程序中）；

（4）蒙皮的切边和钻孔过程；

（5）将蒙皮从机床上卸下。

9.3.3　多功能蒙皮精确铣系统应用案例

如图 9-26 所示，采用 M. Torres 公司多功能蒙皮精确铣系统加工某飞机蒙皮零件，零件大小为 9 150 mm×1 500 mm（1 372 m^2），零件毛坯为铝合金预拉伸厚板，毛坯厚度 3.2 mm，分三层加工，厚度从 3.2 mm 加工到 2.4 mm、1.6 mm、1.2 mm。通过 TORRESMILL 铣床、TORRESHOLDER 支撑装置、TORRESTOOL 柔性夹具完成整个零件加工耗时 5 h。而采用传统的高速加工中心进行蒙皮加工，需多次装夹和厚度补偿，完成该蒙皮零件加工需耗时 125 h。

图 9-26　多功能蒙皮精确铣系统加工某飞机蒙皮零件

9.4 飞机蒙皮加工变形控制技术

飞机蒙皮镜像铣系统和多功能精确铣系统已经应用于波音和空客公司,已经成为替代蒙皮化铣技术的高效绿色加工技术。国内洪都航空(江西洪都航空工业股份有限公司)已引进了上述设备,并应用于飞机蒙皮加工,获得了良好的效果。飞机蒙皮镜像铣系统和多功能精确铣系统可以实现蒙皮切边、铣切口、制孔和厚度精准加工,但是在夹具卸除后由于零件内应力释放仍然会产生整体变形[9]。由于被加工材料、工件结构特征、加工工艺、工装系统、毛坯状态等因素都会影响蒙皮加工后的最终整体变形(见图9-27),如何应用先进高效的加工系统,建立适配的加工工艺和高性能刀具也是航空大型复杂曲面带筋整体结构件变形控制的核心技术难题。

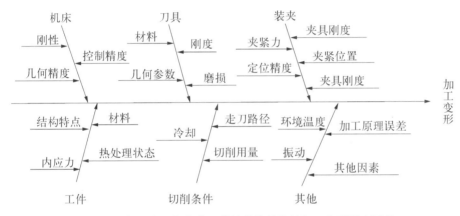

图9-27　航空大型复杂曲面带筋整体结构件加工变形影响因素

9.4.1　构件内应力演变机理及其对加工变形的影响

为获得理想的机械性能,航空铝材必须进行轧制、固溶、拉伸、时效等热处理工艺,在这些过程中因存在不均匀温度场和不均匀弹塑性变形使板内产生了残余应力。而加工过程材料去除使残余应力场释放,重新分布和再平衡,成为引起构件加工整体变形的重要原因。针对上述问题,国内外学者对毛坯初始残余应力分布规律及其对加工整体变形的影响进行了研究。Shin[10]采用剥层法研究了预拉伸铝合金厚板初始残余应力分布,获得了马鞍形厚板残余应力分布(见图9-28),并研究了初始残余应力对加工尺寸稳定性的影响。

Nervi Sebastian[11]建立了毛坯初始残余应力引起加工变形的数学预测模型,指出零件的最终变形情况与毛坯初始应力的分布状态、零件在毛坯中的位置和零件形状密切相关。Young[12]采用数值模拟与化学铣削相结合的方法研究了铣削加工引入的残余应力对加工变形的影响,指出加工引入的残余应力与切削刀具的刀尖圆弧半径和切削刃钝圆半径密切相关,同时指出,航空整体结构件的壁厚很多在2mm以内,此时铣削加工引入的残余应力对工件加工变形的影响不可

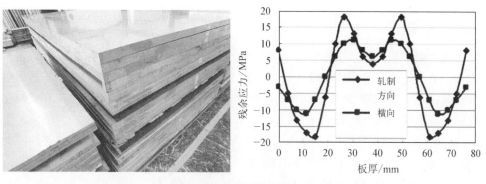

图 9 - 28　预拉伸铝合金厚板及其残余应力分布规律

忽略。如图 9 - 29 所示。王树宏[13]采用改进剥层法研究了铝合金预拉伸板残余应力分布规律,并分析了初始残余应力对多框类结构件整体变形的影响。唐志涛[14]采用裂纹柔度法分析了铝合金预拉伸厚板残余应力分布,及其对多框类零件整体变形的影响。

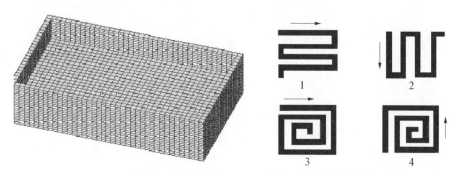

图 9 - 29　预拉伸铝合金厚板不同走刀路径对加工变形的影响

以上研究主要针对铝合金预拉伸厚板,经过预拉伸工艺的铝合金厚板比淬火后内应力减少 95%。而以飞机蒙皮为主要代表的大型复杂曲面带筋整体结构件毛坯均经过预成形工艺,将加大毛坯的初始残余应力及其分布的复杂性,同时很多薄壁构件变形还受到切削加工引入的表面残余应力的影响,表面残余应力与构件内应力耦合作用的研究还比较少。因此,飞机蒙皮加工后整体变形控制技术还有待进一步深入研究。

9.4.2　铣削力传递机理研究及其对加工变形的影响

切削力在刀具与零件中传递,使零件产生弹塑性变形。J. Tlusty[15]针对薄壁件的变形问题提出有效利用零件的未加工部分作为支撑,充分利用零件整体刚性的刀具路径优化方案;Ratchev[16]建立了切削弱刚度零件时的切削力模型,并针对切削力、切削热引起的变形提出了误差补偿方案。武凯[17]引入轴向力算法,考虑刀具对工件的切削力作用,创建了薄壁件铣削加工瞬态空间受力模型,利用该模型研究了侧壁、腹板的受力变形基本规律及相应的变形控制工艺措施。万敏[18]重点考虑切削力作用下零件的静态弹性变形,基于三维非规则网格的刀具/工件变形的耦合迭代以及恒定网格下材料去除效应的变刚度处理方法,研究了零件铣削加工中的变形,并预测了加工表面误差。

切削力在工装系统中传递,主要体现在切削力和夹紧力大小及分布的共同作用。董辉跃[19]采用有限元模拟的方法对框类零件的装夹方案进行了优选,研究了不同装夹位置分布、装夹顺序对工件变形的影响。路冬[20]提出了遗传算法与有限元法相结合确定航空整体结构件夹紧点位置及其夹紧点数目递推优化算法,对装夹布局进行优化。王运巧[21]考虑了切削力、装夹等因素采用数值模拟技术分析了航空整体弧形结构件和长梁零件的加工变形。

刀具是影响切削力大小和分布的重要因素,刀具螺旋角直接影响切削力在 x,y,z 三个方向上的分布,较大的刀具螺旋角可以使径向力减小(见图9-30),有利于减少侧壁变形。而采用无R角锋利切削刃的刀具可以减小轴向力,有利于减小蒙皮厚度方向的变形。

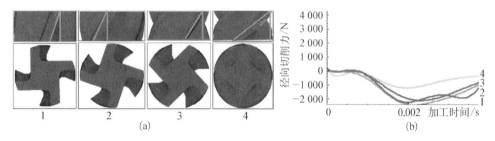

图 9-30　刀具螺旋角对切削力分布影响的有限元分析
(a) 从左至右螺旋角依次增大　(b) 图(a)中4种情况下的径向切削力

刀具基体材料和涂层是影响切削力和加工变形的重要因素。采用具有超细晶粒(晶粒度<0.6 μm)的高性能硬质合金刀具,具有良好的抗磨损性能,适合于高速加工铝合金蒙皮。国际知名刀具供应商已将金刚石涂层硬质合金刀具用于加工铝合金,金刚石涂层具有很高的硬度、优越的耐磨性和极低的表面摩擦系数,可以减少加工过程中的切削热,避免铝合金在加工过程中形成积屑瘤,延长刀具寿命。上海交通大学[22]开发的具有自主知识产权的金刚石涂层技术已成功应用于航空航天高性能铝合金材料和颗粒增强铝基复合材料加工,涂层后刀具性能与国际知名刀具供应商刀具性能相当,如图9-31所示。

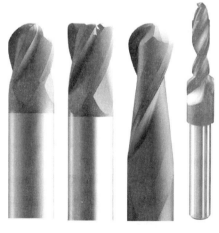

图 9-31　铝合金专用超细晶粒金刚石涂层硬质合金刀具

9.5 小结

飞机蒙皮零件在未来将更多采用第三代铝锂合金材料,铝锂合金具有低密度、高比强度、高比刚度、优良的低温性能、良好的耐腐蚀性能和超塑性成型性能,被认为是航空工业中的理想结构材料。铝锂合金的成本大约只是碳纤维增强复合材料的 1/10。国内首次将铝锂合金应用于 C919 大型客机的机身制造中,应用比例高达 15.5%,这将显著提升飞机的整体性能。因此,以蒙皮镜像铣和多功能精确铣为代表的高效绿色数控加工技术将用于飞机铝锂合金蒙皮的加工,取代化铣技术。同时,高性能金刚石涂层刀具和配套工艺技术将成为使高端设备发挥潜力的核心技术,我们在引进国外先进技术的同时必须自主开发蒙皮加工柔性自动化系统,研究核心刀具技术和工艺技术,提升我国飞机蒙皮加工的技术水平。

参考文献

[1] 李东升,罗红宇,王丽丽,等.飞机蒙皮的数字化成形制造技术[J].塑性工程学报,2009,16(1):82-87.

[2] 岳俊,李娜.化学铣切铝合金的疲劳性能[J].中国测试,2009,35(4):115-117.

[3] 郑百战.大型化铣零件的铣切加工技术[J].西飞科技,2002(2):27-28.

[4] 鲁达.新一代飞机蒙皮绿色加工技术[J].航空制造技术,2010(16):93-94.

[5] 徐明,向兵飞,李响,等.蒙皮镜像铣切系统及先进制造工艺的应用[J].制造技术与机床,2014(11):40-43.

[6] 向兵飞,黄晶,许家明,等.蒙皮铣削镜像顶撑技术研究[J].制造技术与机床,2015(4):92-96.

[7] 马文博,余康,罗泰.机身蒙皮设计与镜像铣加工方法[J].中国科技信息,2016(13):91-93.

[8] 张彤.飞机蒙皮厚度精确加工的最新技术——以数铣替代化铣的绿色加工工艺[J].教练机,2011(4):26-30.

[9] 陈蔚芳,倪丽君,王宁生.夹具布局和夹紧力的优化方法研究[J].中国机械工程,2007,18(12):1413-1417.

[10] Shin C S, Hsu S H. On the mechanisms and behaviour of overload retardation in AISI 304 stainless steel[J]. International Journal of Fatigue, 1993, 15(3):181-192.

[11] Nervi S, Szabó B A. On the estimation of residual stresses by the crack compliance method [J]. Computer Methods in Applied Mechanics and Engineering, 2007, 196(37-40):3577-3584.

[12] Young D, Jeswiet J. Wall thickness variations in single-point incremental forming[J]. Proceedings of the Institution of Mechanical Engineers, Part B: Journal of Engineering Manufacture, 2004, 218(11):1453-1459.

[13] 王树宏,左敦稳,黎向锋,等.预拉伸铝合金厚板7050T7451内部残余应力分布测试理论及试验研究[J].应用科学学报,2005,23(2):192-195.

[14] 唐志涛.航空铝合金残余应力及切削加工变形研究[D].济南:山东大学,2008.

［15］ Tlusty J，Ismail F. Basic non-linearity in machining chatter［J］. CIRP Annals-Manufacturing Technology，1981，30(1)：299－304.

［16］ Ratchev S，Liu S，Huang W，et al. Milling error prediction and compensation in machining of low-rigidity parts［J］. International Journal of Machine Tools and Manufacture，2004，44(15)：1629－1641.

［17］ 武凯，何宁，廖文和，等.薄壁腹板加工变形规律及其变形控制方案的研究［J］.中国机械工程,2004,15(8)：670－674.

［18］ 万敏,张卫红.薄壁件周铣切削力建模与表面误差预测方法研究［J］.航空学报,2005,26(5)：598－603.

［19］ 董辉跃.铝合金高速加工及整体结构件加工变形的试验与仿真研究［D］.杭州：浙江大学,2006.

［20］ 路冬.航空整体结构件加工变形预测及装夹布局优化［D］.济南：山东大学,2007.

［21］ 王运巧,梅中义,范玉青.航空薄壁结构件数控加工变形控制研究［J］.现代制造工程,2005(1)：31－33.

［22］ 陈明,张志明.复杂形状金刚石薄膜涂层刀具的制备与试验研究［J］.工具技术,1998(12)：3－5.

10 民机钛合金接头类零件高效精密数控加工关键技术

钛合金具有优异的综合性能,如密度小,比强度和比断裂韧性高,疲劳强度和抗裂纹扩展能力好,低温韧性良好,抗蚀性能优异,耐热性高[1]。从切削加工方面考虑,钛合金高温强度高、弹性模量低、化学活性高、摩擦系数大、导热性差,刀屑接触面积小,导致刃口单位长度切削力大、切削温度高、加工硬化严重、刀尖应力大、刀具磨损严重、加工精度和表面粗糙度不易保证、表面层质量难以控制、毛刺现象严重、排屑断屑困难等问题,因此钛合金是典型的难加工材料[2]。

钛合金大量应用于飞机结构件可以满足长寿命和轻量化性能要求,如图 10-1 所示,结构件包括襟翼滑轨、承力隔框、中冀盒形梁、起落架梁、接头、缘条等[3],材料去除率甚至达到 90%,薄壁、深槽腔特征占 80%,加工过程容易产生振动;钛合金因其优异的抗疲劳性能,往往作为重要的连接件,零件装配协调面、交点孔数目多,零件制造精度要求高,对数控加工提出了很高的要求,加工效率很低。因此,民用飞机钛合金结构件亟需专用高性能刀具和高效加工工艺技术。

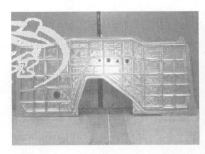

图 10-1 民用飞机钛合金结构件

10.1 钛合金结构件高效加工工艺优化技术

目前,钛合金飞机结构件的高效铣削加工是业界的一个难题,其切削速度一般不超过 120 m/min[4]。钛合金本身特性决定其允许的切削速度较低,要提高钛合金零件的加工效率,一是研究在低切削速度下,如何根据零件结构特点改进工艺方法,合理选用刀具,优化切削参数来提高金属切除率;二是研究如何根据加工特点,提高切削速度,进行高速切削来达到提高加工效率的目的。由于粗加工追求最大材料去除率,而精加工则要求在满足零件精度和质量要求的条件下实现最大加工效率,因此要分别针对粗加工和精加工制定高效加工策略。

10.1.1　钛合金刀具路径优化

由于钛合金切削加工性很差,相对于铝合金,实现高效加工就比较困难,工艺制订过程中必须考虑可能影响刀具寿命和加工效率的每一个细节。

1) 钛合金平面铣削

如图 10-2 所示,钛合金平面铣削时,如果采用直接进刀的方式,往往在刀刃切出时会产生较厚的切屑厚度,加大刀刃负载,进刀时容易造成较大振动[5]。因此,可以采用旋转切入的方式,刀刃切出时切屑厚度最小,减小刀具所受到的冲击,保证进刀过程平稳,延长刀具寿命。

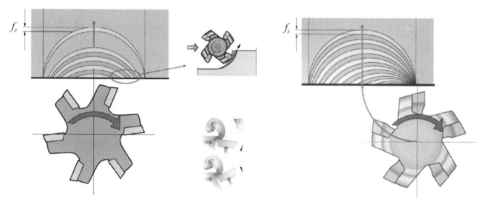

图 10-2　钛合金平面铣削进刀方式——旋转切入

f_z—每齿的进给量

采用旋转切入方式时,旋转半径为刀具半径加 2 mm,如图 10-3 所示。如果采

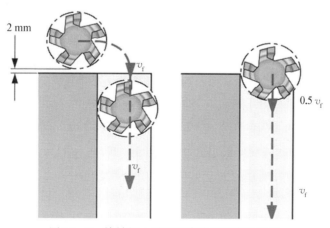

图 10-3　旋转切入进刀和直线进刀参数选择

v_f—进给速度

用直线进刀的方式，应在刀具完全切入前，降低进给速度 50%，待刀具完全切入后再恢复设定进给速度。可见，采用旋转切入方式进刀，不需要调整进给速度，保证切削加工稳定。

如图 10-4 所示，钛合金平面铣削时，也可以采用以 20°～30°角斜向切入的方式，刀刃切出时切屑厚度最小，减小刀具所受到的冲击，保证进刀过程平稳，延长刀具寿命。

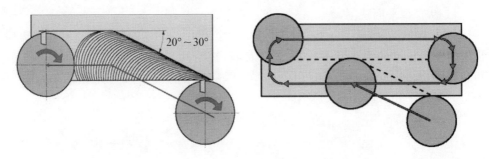

图 10-4　钛合金平面铣削进刀方式——斜向进刀

在进行大平面铣削时，应采用环形刀具路径，保持刀具和工件表面接触，避免刀具切削刃过多的切入和切出工件，减少刀具切削刃所受到的冲击，而尽量避免采用平行刀具路径，造成刀具切削刃过多冲击而加快磨损[6]，如图 10-5 所示。

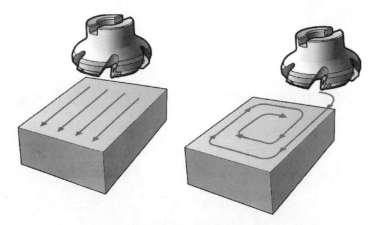

图 10-5　钛合金大平面铣削走刀路径

采用环形走刀路径时，转角处均应采用圆弧路径，如图 10-6 所示，圆弧进刀时，走刀半径为刀具切削直径的 0.5 倍，而刀具切宽应为刀具直径的 0.7 倍，如图 10-7 所示。

平面铣削过程中，如果平面上有孔或其他特征，走刀路径应环绕圆孔，避免直接穿过孔特征，形成断续切削，加大对切削刃的冲击，如图 10-8 所示。

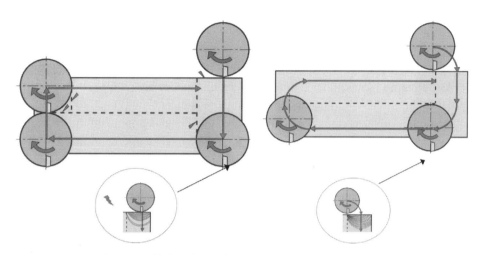

图 10-6　钛合金大平面铣削走刀路径——转角圆弧走刀

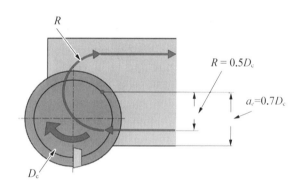

图 10-7　大平面铣削环形走刀参数
D_c—刀具直径；R—走刀半径；a_e—切削宽度

　　2）基于有效切屑厚度的刀具选用

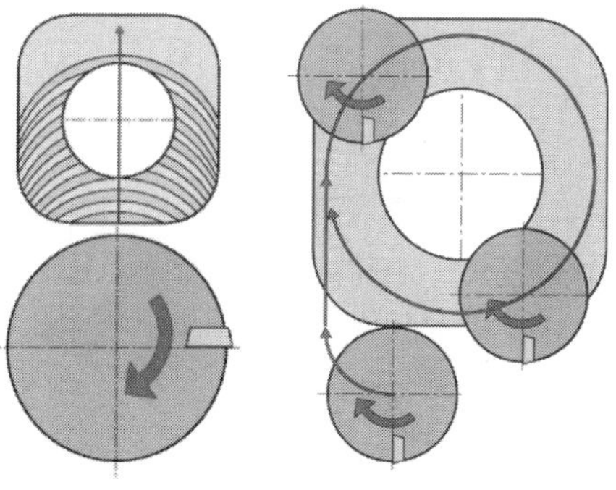

　　在铣削加工时,刀具每齿进给量 f_z 和主偏角 κ_r 决定了有效切屑厚度 h_{ex},直接影响刀具切削刃负载[6],如图 10-9 所示。主偏角越小,相同每齿进给量条件下,有效切屑厚度越小,刀具切削刃负载也就越小。如果刀具切削刃负载相同,即在相同的有效切屑厚度条件下,主偏角越小,就可以采用较大的每齿进给量。

　　因此,在钛合金粗加工时,经常采用小

图 10-8　大平面铣削环绕圆孔走刀

主偏角的圆刀片刀具和快进给刀具,以获得较大进给速度,提高加工效率。小主偏角使有效切削刃长增加,有利于均匀刃口磨损强度和增加热容量,延长刀具寿命。

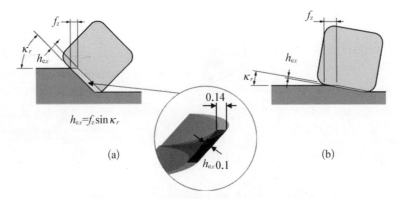

$$h_{ex}=f_z\sin\kappa_r$$

(a)　　　　　　　　　(b)

图 10-9　主偏角与有效切屑厚度的关系

(a) $\kappa_r=45°$　(b) $\kappa_r=10°$

10.1.2　钛合金结构件高效粗加工

钛合金结构件粗加工主要目标就是大余量去除材料，因此在粗加工时提高材料去除率对于改善加工效率有很大帮助[7]。粗加工钛合金主要策略有三种。

1) 钻削和成形铣削相结合

在较浅的大形腔加工过程中，钻削和成形铣削相结合的方法可以获得最有效的材料去除率[8]。但是这种方法主要应用于形腔轮廓特征较简单，不需要在加工过程中更换刀具，在腔体加工过程中可以一层层连续去除材料。

该加工策略是首先在形腔中部预钻一个尽可能大的起始孔，然后用铣刀去除剩余的材料。在铣削过程中，走刀路径以圆弧走刀为主。采用圆弧走刀路径在加工过程中可以获得平稳的切削力（见图 10-10）。图 10-10(a)中，走刀路径以圆弧为主，在粗加工过程中，切削刃所受到的载荷变化不大，加工过程平稳，只有加工到形腔侧壁时，才需要采用直线走刀。图 10-10(b)中，走刀以直线走刀为主，每次走刀至转角部位时，切削刃所受到的载荷突然增大，需要减小进给，这种走刀方式加

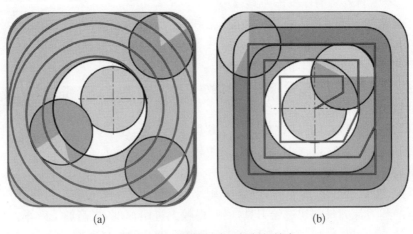

(a)　　　　　　　　　(b)

图 10-10　钻削和成形铣削相结合

工过程不平稳,应当尽量避免。

2) 坡走铣和插铣相结合

在加工复杂外形形腔时,特别是需要加工的形腔深度变化较大时,用这种策略可以获得较高的加工效率。这种加工策略不需要钻孔,只需要使用一把带底刃铣刀,底刃过刀具中心,特别是使用高进给加工刀具,进行小切深,大进给快速走刀加工。对于 40 锥柄接口刀具,系统刚性不足,采用这种加工方式可获得较高的稳定性。另外,采用圆形刀片加工可以更有效地进行坡走铣。

3) 钻削和插铣相结合

这种策略专门用于解决深槽、小槽宽零件和深腔体形腔。这种策略采用部分重叠插铣,走刀路径以轴向进给为主,充分利用机床的轴向刚度好,避免加工中产生振动。此种策略特别适合于刀具悬长大于直径 4 倍的大悬长加工。这种策略的缺点在于在两次插铣走刀之间留下尖端,需要用另一把侧铣刀清除。

10.1.3　钛合金结构件高效精加工

由于钛合金属于难加工材料,加工过程中切削力较大,刀具磨损快,这就需要加工系统具有良好的动态性能,较强的刚性,避免加工过程中产生颤振等不稳定现象,保证加工表面质量,这对于精加工过程至关重要。

1) 精加工肋板和侧壁

在肋板和侧壁精加工过程中,由于整体结构件要求质量轻,绝大部分肋板和侧壁加工都具有薄壁弱刚性的特征[9]。按照金属切削颤振理论,构建稳定性极限图,切深和主轴转速直接影响切削加工稳定性。在加工钛合金时,切削速度大约为 60 m/min,主轴转速大约为 600～2 000 r/min,在这个速度范围内,切削深度不能太深,特别是使用硬质合金刀具加工时,刀具刚性好、韧性差,对切削振动敏感。但是,切削深度又直接影响加工效率。所以,合理选择切削深度是高效加工肋板和侧壁的关键。

研究表明,一般情况下,精加工肋板和侧壁的最大切深应该小于肋板和侧壁剩余厚度的 8 倍。例如,侧壁最终需要加工到 1.2 mm 厚,粗加工后侧壁厚 3 mm,所以,最大切深应为 24 mm。当最后加工到位,即壁厚 1.2 mm 时,最大切削深度为 9.6 mm。这种策略可以避免加工振动的发生,并且最大限度地控制让刀,保证加工精度(见图 10 - 11)。当然,选择加工路径对于精加工同样非常重要。理想的加工路径采用分层对称加工的方式,可使加工变形相互抵消,获得良好的加工精度(见图 10 - 12)。

2) 精加工圆角

在精加工过程中,常常需要处理大量圆角特征。这些特征切削余量小,但是对刀具几何尺寸要求较高,一般要求刀具具有大悬伸、小直径,甚至要求刀具具有锥度。在圆角加工过程中,由于刀具与工件接触长度大,切削力比正常加工侧壁要大

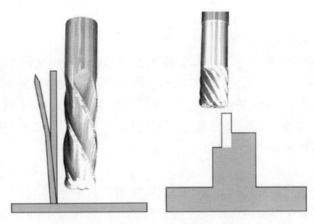

图 10-11　不同切深对精加工的影响

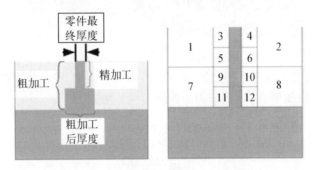

图 10-12　侧壁和肋板加工走刀策略

得多[10]（见图 10-13）。正常加工时需要减少进给速度。为避免在加工过程中因改变进给速度导致的效率降低和平稳性差等问题，可以先处理圆角部位。即采用插铣方式，在加工侧壁之前对圆角部位进行精加工。然后通过侧铣切除剩余材料。这种方法特别适合于大悬伸和小直径刀具。

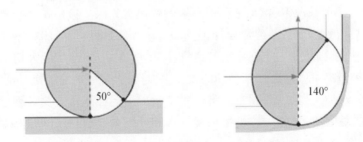

图 10-13　侧壁铣削与圆角加工对比

　　插铣圆角特征可以增强加工过程的稳定性，减小刀具让刀，提高加工表面质量。同时，这种策略也能获得较高的加工效率。为提高插铣稳定性，设计刀具时可以在刀具后刀面磨出消振棱，进一步减小加工振动，如图 10-14 所示。

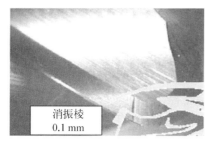

图 10 - 14　带有消振棱的插铣刀

10.2　钛合金结构件加工冷却技术

钛合金加工过程温度高,需要有效的冷却技术降低切削区温度,传统的浇注冷却方式使冷却液很难到达切削区,对降低切削温度作用有限。能否有效对切削区进行冷却,会直接影响刀具寿命[11]。

10.2.1　微量润滑技术

当前国内金属加工中广泛采用大量切削液,利用其润滑和冷却功能,以期望减少刀具磨损、延长刀具寿命、提高断屑性能和加工质量。但是德国统计数据表明:与切削液有关的费用相当于全部制造费用的 7% ~ 17%,而工具费用仅占 2% ~ 4%。一些国家已对切削液使用制定了严格的法律和法规。1996 年国际标准化协会颁布了环境管理的 ISO14000 系列标准,德国、美国、加拿大和日本等国家也相继制定出更加严格的工业排放标准,进一步限制了切削液的使用,绿色制造必将以法规的形式出现。随着对生产成本、环境保护和劳动者健康保护的要求逐步提高,使用大量切削液的湿式切削在生产过程中逐步被准干式切削或干式切削等绿色加工技术替代。准干式切削技术以微量润滑(MQL)、微量冷却润滑(MQCL)、低温微量润滑(CMQL)等为代表,目前在发达国家已广泛应用,是一种采用少切削液的、对环境友好的绿色加工技术[12]。如图 10 - 15 所示,德国在各工业部门均大力推广 MQL 技术,德国每年有 15 000 套 MQL 系统装备相关数控加工中心,而且还将进一步增加。

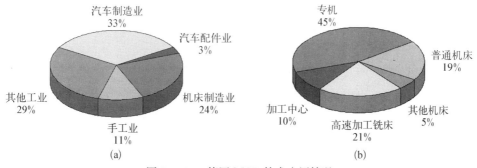

图 10 - 15　德国 MQL 技术应用情况

(a) 德国工业部门 MQL 应用比例　(b) 德国机床业 MQL 应用比例

　　MQL 工作原理是将压缩气体与极微量润滑油混合气化后，以油雾的形式喷射到切削区，对刀具和工件接触区进行有效润滑和冷却。压缩的气液两相流体喷出时，体积骤然膨胀对外做功，消耗了内能，可以使常温的气液温度降低 10℃左右；高速喷射的分子级润滑油在刀具切削刃和工件接触区具有较高的瞬间渗透力和附着力，在接触区形成油膜，大大减小刀具和工件间的摩擦，最大限度地减少了加工产生的热量；气液两相流体高速喷射及时冲走切屑，快速带走加工产生的热量，防止热量累积[13]。

　　将低温气体和 MQL 结合的低温微量润滑技术（CMQL）利用高速流动的低温压缩空气将具有超润滑作用的切削液雾化后形成气液两相流，通过喷嘴产生喷雾射流，精确地喷射到切削区，使工件和刀具得到充分冷却和润滑，喷雾流量和压力可调，微量的润滑油在切削加工过程中被消耗掉，高速低温压缩空气将部分热量和碎屑吹走，以液相油液沸腾气化等方式吸热。

　　商业化 MQL 设备主要供应商有 BLUEBE（日本富士技研）、ACCU‐LUBE（富士技研在美国分公司产品）、德国福鸟 VOGEL、德国 IUBFIX 公司、意大利科诺润滑 Technosystems 公司等。MQL 通常有两种供液形式：一种是内部给油，需要机床主轴和刀柄有内冷配置；另一种是外部给油，可根据应用需要安排喷嘴的数量和位置。图 10‐16 所示是典型的 MQL 外部给油设备。工作时，压缩气体由三通管的压缩气体入口进入，流经吸液储油罐中的"收缩‐扩张"孔，由于孔截面变小，气体压强随之降低，而腔室中压强与压缩气体入口处相同，这使得腔室内气体与直通

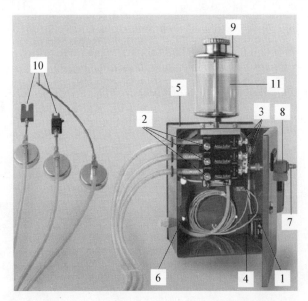

图 10‐16　典型的外置式 MQL 供油系统组成

1—致动开关（电磁阀）；2—空气流量阀；3—润滑油量阀；4—泵油频率调整器；5—金属箱；6—安装系统；7—空气供入；8—空气过滤器；9—储油罐；10—喷嘴（多种可选）；11—专用润滑油

孔处气体产生压强差,从而使腔室中的润滑剂流入吸液储油罐中,此时,通过改变流量调节旋钮就可以改变导液软管中润滑剂的流量,同时,吸液储油罐中的润滑剂在压缩气体的推动下,流入传输管,并沿着管壁流动到喷嘴处,在喷嘴的收缩作用下雾化并伴随着压缩气体高速喷出。

内置式供液系统集成在机床内部,润滑油和压缩空气的混合物通过机床主轴内孔和刀具内置的输送管道导入加工区,冷却润滑油雾供给更加容易。但该方式对主轴结构提出了新的要求,常常限制了主轴的最高转速。外置式供液系统是单独设计,油雾供给结构简单,几乎不需要改造机床。润滑油和压缩空气在机床外部通过混合装置混合后可由多个喷嘴引出,作用于加工区的刀具和工件。但是当加工的工件直径变化较大或换刀时,原来喷嘴的位置必须经过手动或通过其他的辅助定位系统校正,来实现喷嘴轴向、径向和角度的正确定位。外部式油雾供给中,对特定的加工方法(如钻削)还存在困难,采用目前技术,润滑油雾在加工区最多只能实现小长径比钻孔的润滑,深腔构件铣削也存在类似的问题。

对于微量切削液的传输雾化(见图 10 - 17),也有两种形式:一种是单通道,这种形式需要一个单独的雾化装置,然后把雾化好的液滴和压缩空气混合物,通过一个通道传输到喷嘴;另一种为双通道,不需要单独的雾化装置,通过两个通道,里面小通道为微量切削液,外部大通道为压缩空气,在靠近喷嘴处(雾化区)或利用喷嘴进行雾化,进而喷射到切削区。与双通道系统相比,单通道系统更便于制造,但在输送润滑油雾时,特别是在具有强烈离心作用下的旋转主轴中时,油雾会被分散,这常导致加工区油雾不均匀,使加工质量变差。

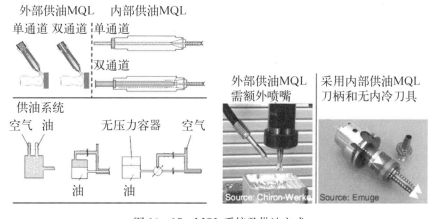

图 10 - 17　MQL 系统及供油方式

为尽量减小对环境和人体的影响,MQL 中使用的润滑油,不能再采用那些含有大量有毒添加剂成分的传统切削液。MQL 切削加工用切削液,润滑剂的基础油有合成酯、植物性切削油、聚 α -烯烃(PAO)和聚乙二醇等。常采用生物降解性高的合成酯和油脂,虽然植物油也具有很好的生物降解性,但其在高的切削温度下,在工件和刀具上有树脂化的趋势,切削性能不理想,因此基本不使用。

此外,润滑油雾中油滴颗粒的大小和聚集度对加工区刀具和工件接触表面的润滑效果有影响。油滴大小的影响因素一般包括压缩空气的压力、润滑油用量和喷嘴距离。在同等气压下,随着润滑油用量和喷嘴距离的增加,油滴变大,速度减小。在润滑油用量相等时,随着气压的增大,液滴变小,速度增大。因此,颗粒较大的油滴速度低,在传输中由于自身重力更容易发生偏离,导致加工区不能充分供油,影响润滑效果。油滴的粒径一般控制在 2 μm 以下。油滴颗粒的聚集度主要依赖于润滑油的用量和性质、压缩空气的用量以及喷嘴的结构。在 MQL 加工中,切削液耗量低,使用时间长,这就要求切削液不仅具有良好的切削性能,还必须与环境相容,并保持化学稳定性。因此,原来认为次要的性能如生物降解性、氧化稳定性和储存稳定性就成为选择切削液的重要依据。在传统的浇注式切削中,切削液的选择主要依据其冷却润滑等切削性能,而在 MQL 加工中,油剂使用量小,使用量为 2~30 ml/h,从而减少油剂使用的成本。油剂可生物降解,不会污染空气、水系和土壤。油剂从植物中提炼,无毒无害,无油污,无碎屑黏附,切屑无需干燥,可以直接回炉。给油机设备简单,无需配备冷却液箱,无需循环过滤设备。由于油剂有极高的润滑性,大大减少了刀具和工件之间的相互作用力,可延长刀具寿命。

为充分发挥 MQL 的应用优势,寻求经济、生态和加工性能三方面的应用最佳平衡点,必须全面研究影响 MQL 应用性能的各种因素。MQL 切削加工工艺系统受到大量影响因素交互作用。不同工艺、不同刀具、不同工件材料和不同 MQL 工艺系统设置(包括油雾供给和混合方式、油雾供给方向、喷嘴距离、润滑油性质、润滑油用量、压缩空气压力等)所表现出的切削加工性能有非常明显的差异。目前,MQL 技术已经应用于各种加工方式,如图 10 - 18 所示。

(a)   (b)   (c)

图 10 - 18   MQL 技术的应用

(a) 车削,内部给油   (b) 钻削,内部给油   (c) 铣削,外部给油

10.2.2   高压冷却技术

冷却液在航空零件加工中的角色正在改变。加工车间多年来的做法是:直接

将冷却液喷向加工区域。然而现在,高压冷却技术可将冷却液精准地导向实际切削区,其优势已经彰显。令人振奋的是,随着很多现代化数控机床对冷却液容量的提升,以及与之配套的全新刀具概念的推出,这一新的技术已经可以广泛应用。如果要在现代加工中使冷却液有效发挥作用并产生与众不同的效果,就需要配置高压喷射冷却,其流量必须足够大,喷射方向也要正确。

合理运用高压冷却(HPC)会在以下方面产生显著效果:切屑成形、热量分布、切削刃上的工件材料的黏结性、表面完整性和刀具磨损[14]。

高达 $100 \sim 1\,000$ bar 的超高压力、方向精确的冷却液射流已经成为切削刀具的一部分。冷却液喷射流在切屑和切削刃之间形成一个液压楔,随着加工区域温度的降低,切屑和切削刃的接触长度缩短。另外就是冷却液喷射流会影响切屑的卷曲,从而改善了切屑控制,易于断屑,如图 10-19 所示。

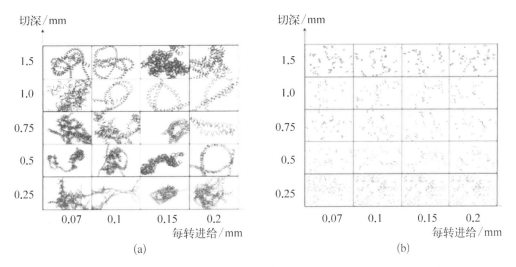

图 10-19 高压冷却技术对切屑形态的影响(CNGP120408 H13A, $v_c = 60$ m/min)

(a) 常规冷却 (b) 高压冷却(70 bar)

高压冷却加工同样也需要适合的刀具、稳定加工过程和合理的切削参数。在车削和铣削难加工材料中该技术非常适用于排屑和断屑控制。对于立式车床,该技术可以很好地解决切屑的堆积问题。在车削加工中,采用 CoroTurn HP 技术能够产生平行且精确的冷却液喷射,在刀片和切屑之间产生液压楔,影响切屑形成和流向并降低切削区域的温度(见图 10-20)。靠近切削刃安装的喷嘴准确地喷射出高速射流,迫使切屑离开刀片表面

图 10-20 高压冷却精准喷射技术

并使切屑冷却和断裂,以利于排屑[15]。

除了由更好的切屑控制带来更高的加工安全性之外,高压冷却还能明显延长刀具寿命(高达50%);采用更高的切削速度可以显著节约生产成本。

与其他任何因素相比,切削速度对切削温度和刀具磨损的影响更大。加工钛合金时如果超出合理的加工区域,提高切削速度会导致刀具寿命急剧缩短,如果增加进给量,刀具寿命的缩短就没有那么明显。因此,通过改变进给量以提高金属去除率成为更具吸引力的方案。但是,进给量的增加肯定会产生更大的切削力,也会影响到切屑控制。所以高压冷却技术可以满足在大幅度提高切削速度前提下,不会出现常见的切削温度升高和刀具寿命降低的情况,提升了机床加工能效。对于钛合金等耐热合金材料,切削速度提高20%的时候,切削长度仍可以保持不变。

图10-21 具备高压冷却的铣削刀具

高压冷却技术也为铣削带来了极大的好处。如图10-21所示,Sandvik所开发的CoroMill 690专用于钛合金铣刀,该长刃立铣刀具有高压冷却能力。其径向切削刃由许多刀片组成,而每个刀片都有相应的冷却液喷嘴为其提供高压喷射。位于刀具端部的喷嘴有助于排屑,避免出现硬切屑刮擦效应(特别是在型腔加工中)[15]。

钛合金的化学活性使其在加工过程中容易黏结在切削刃上,引起积屑瘤,影响刀具的寿命。在加工钛合金和其他黏性材料时,高压冷却是防止工件材料黏结在切削刃上的一种常用方法。

10.3 应用案例

某型号民用平尾梁缘条系列零件中,接头类零件采用钛合金材料,毛坯件为板料,纤维方向沿宽度方向,毛坯尺寸为70.0 mm×115.0 mm×485 mm。零件如图10-22所示。

钛合金接头零件加工具体要求如下:

(1)零件的角度容差为±2°。内外表面轮廓圆弧的尺寸容差为±0.8 mm,其余部分尺寸容差为±0.25 mm。

(2)零件内外表面均不允许有接刀痕。

10.3.1 钛合金接头加工专用刀具

钛合金接头零件具有深槽、复杂曲面等结构特征,为实现钛合金接头高效精密加工,必须采用专用钛合金加工高性能刀具。

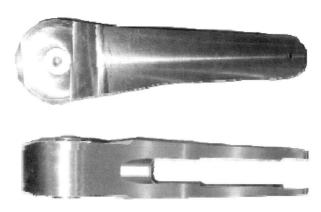

图 10 - 22　钛 合 金 接 头

1) 钛合金粗加工专用刀具

高性能粉末冶金高速钢(PM HSS - E)材料具有良好的韧性、较高的强度,以及良好的耐高温性能,因此使用高性能粉末冶金高速钢制备的刀具,具有优越的耐磨性和抗冲击性能,已经广泛应用于钛合金切削加工刀具。钛合金粗加工过程中,由于切削余量大,切屑往往具有较厚的尺寸,硬化严重,断屑困难,严重影响加工过程中的热量传导,造成刀具快速磨损。因此,粗加工钛合金刀具的切削刃可采用特殊的几何设计。如图 10 - 23 所示,采用变螺旋角的波纹刃设计方式可以有效地断屑,避免切屑太长无法排出,刀具排屑槽堵塞,切削温度累积而造成刀具快速失效。

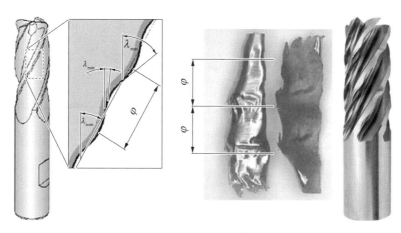

图 10 - 23　波 纹 刃 铣 刀

如图 10 - 24 所示,与传统钛合金粗加工工艺进行对比,由于特殊切削刃设计方式,采用新型粗加工铣刀每齿进给量比传统刀具提升 50%,可以实现材料去除率提升 200%,刀具寿命提升 50%,大幅提升了加工效率和刀具寿命。

2) 钛合金深槽加工刀具

在航空结构件中,深槽特征是最常见的特征之一。钛合金强度高,切削力大,

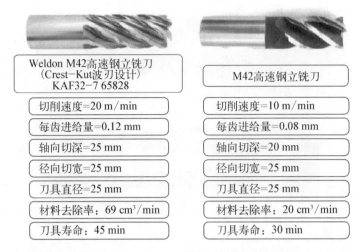

Weldon M42高速钢立铣刀 （Crest-Kut波刃设计） KAF32-7 65828	M42高速钢立铣刀
切削速度=20 m/min	切削速度=10 m/min
每齿进给量=0.12 mm	每齿进给量=0.08 mm
轴向切深=25 mm	轴向切深=20 mm
径向切宽=25 mm	径向切宽=25 mm
刀具直径=25 mm	刀具直径=25 mm
材料去除率：69 cm³/min	材料去除率：20 cm³/min
刀具寿命：45 min	刀具寿命：30 min

图 10-24　Crest-Kut 波纹刃铣刀与传统铣刀工艺对比

通过分层侧铣进行深槽加工极易引起刀具振动,造成刀具快速失效,加工质量难以保证,加工效率很低。而采用插铣加工方式可以有效地将切削力重新分配到轴向,通过轴向机床刚性好来提高加工效率,如图 10-25 所示。

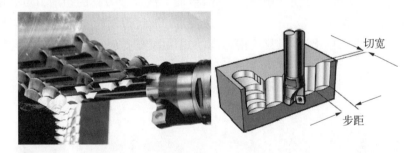

图 10-25　钛合金插铣加工

如图 10-26 所示,与传统分层侧铣钛合金深槽加工工艺进行对比,采用插铣加工工艺可以实现材料去除率提升 400%。

对于窄深槽特征加工,其圆角精加工相当困难,由于刀具与材料接触面积大,加工圆角时往往振动很大,传统加工方式通常采取降低进给速度的方法保证加工质量,易在加工表面产生刀痕和振纹,无法满足精加工质量要求,还需后续钳工加工,加工效率极低。而采用插铣方式加工圆角特征,可以获得良好的加工表面质量,并大幅提升加工效率。如图 10-27 所示,采用插铣加工工艺与传统工艺相比,加工效率可提升 200%,而且,圆角加工表面粗糙度可达到 $Ra1.6$,加工过程稳定,可以满足航空产品的高质量要求。

　　3) 钛合金复杂曲面加工专用刀具

航空结构件由于结构复杂,往往具有复杂曲面特征,需要采用球头刀具进行加

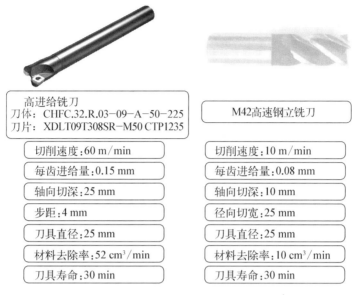

高进给铣刀
刀体：CHFC.32.R.03-09-A-50-225
刀片：XDLT09T308SR-M50 CTP1235

M42高速钢立铣刀

切削速度：60 m/min	切削速度：10 m/min
每齿进给量：0.15 mm	每齿进给量：0.08 mm
轴向切深：25 mm	轴向切深：10 mm
步距：4 mm	径向切宽：25 mm
刀具直径：25 mm	刀具直径：25 mm
材料去除率：52 cm³/min	材料去除率：10 cm³/min
刀具寿命：30 min	刀具寿命：30 min

图 10-26　插铣加工工艺与传统分层侧铣加工工艺对比

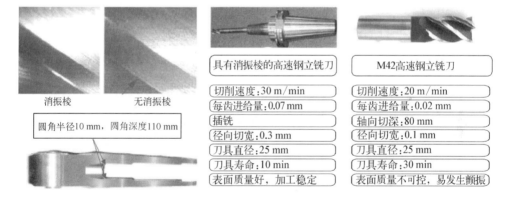

消振棱　　　无消振棱

圆角半径10 mm，圆角深度110 mm

具有消振棱的高速钢立铣刀

M42高速钢立铣刀

切削速度：30 m/min	切削速度：20 m/min
每齿进给量：0.07 mm	每齿进给量：0.02 mm
插铣	轴向切深：80 mm
径向切宽：0.3 mm	径向切宽：0.1 mm
刀具直径：25 mm	刀具直径：25 mm
刀具寿命：10 min	刀具寿命：30 min
表面质量好，加工稳定	表面质量不可控，易发生颤振

图 10-27　深槽特征插铣加工工艺与传统分层侧铣加工工艺对比

工。采用 nc-TiAlN 涂层的整体硬质合金球头刀具，可以大幅提高刀具寿命和加工效率。如图 10-28 所示，采用整体硬质合金刀具可以提升刀具寿命 1 倍，提升材料去除率 3 倍。

4）钛合金侧壁精加工刀具

钛合金在加工过程中，由于材料导热性能很差，切削温度很高，客观上限制了钛合金加工的切削速度，无法通过切削速度来提升钛合金的切削效率；而且，由于精加工需要获得较好的表面粗糙度，必须控制加工过程的每齿进给量，因此，也无法通过提高进给速度来提高加工效率。在钛合金精加工过程中，切削余量一般在 0.5~1 mm，较小的切削余量保证切屑尺寸不大，不会由于排屑不畅而引起刀具寿

整体硬质合金球头铣刀	M42高速钢球头铣刀
切削速度：80 m/min	切削速度：20 m/min
每齿进给量：0.07 mm	每齿进给量：0.05 mm
轴向切深：0.5 mm	轴向切深：0.5 mm
径向切宽：0.3 mm	径向切宽：0.3 mm
刀具直径：20 mm	刀具直径：25 mm
刀具寿命：240 min	刀具寿命：120 min
表面质量好，加工稳定	加工效率低

涂层：PVD TiAlN，表面抛光处理
特点：适合于精加工仿形铣的短刃
和大螺旋角设计

图 10-28　整体硬质合金球头铣刀和加工工艺对比

命降低。因此，要实现钛合金侧壁高效精密加工，在保持每齿进给量不变的情况下，可以通过增加刀具刃数来提高进给速度，进而提高加工效率。如图 10-29 所示，采用 20 刃超密齿设计的整体硬质合金刀具可以大幅提升钛合金精加工的进给速度，采用超细晶粒硬质合金基体材料和 nc-TiAlN 涂层相结合，可以增加刀具耐磨性，提升刀具寿命。

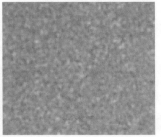

图 10-29　20 刃超密齿硬质合金精加工铣刀

如图 10-30 所示，与传统生产现场钛合金精加工工艺进行对比，采用超密齿硬质合金铣刀，切削线速度可以达到 120 m/min，材料去除率达到 12 cm^3/min，比传统工艺提升 20 倍以上。

10.3.2　钛合金接头加工工艺

飞机钛合金接头具有深槽、侧壁、复杂曲面、圆角等特征，如图 10-31 所示。根据粗加工和精加工对加工效率和加工质量的不同需求，采用对应的刀具和加工工艺参数进行加工，合理分配加工余量，根据不同特征采用专用高性能刀具，最终可以实现钛合金接头零件高效精密加工。

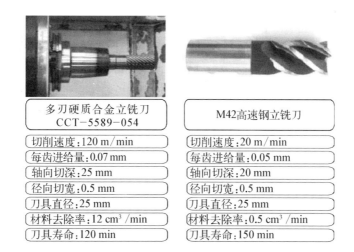

多刃硬质合金立铣刀 CCT-5589-054	M42高速钢立铣刀
切削速度:120 m/min	切削速度:20 m/min
每齿进给量:0.07 mm	每齿进给量:0.05 mm
轴向切深:25 mm	轴向切深:20 mm
径向切宽:0.5 mm	径向切宽:0.5 mm
刀具直径:25 mm	刀具直径:25 mm
材料去除率:12 cm³/min	材料去除率:0.5 cm³/min
刀具寿命:120 min	刀具寿命:150 min

图10-30　20刃超密齿硬质合金精加工铣刀与传统铣刀工艺对比

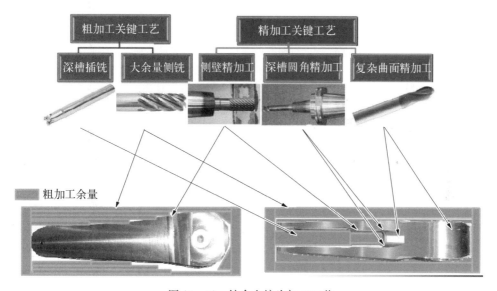

图10-31　钛合金接头加工工艺

10.4　小结

民用飞机机头类零件需要承受交变载荷作用,对抗疲劳性能提出更高的要求,大多采用钛合金等难加工材料。对于钛合金的高效精密加工,一方面需要合理使用插铣等特殊的加工工艺方法和高性能专用刀具,一方面需要对加工工艺参数进行优化,合理分配加工余量,采用先进的冷却润滑方式,不仅可以获得较高的加工效率,而且可以使加工成本大幅降低,加工质量可控制在设计要求内。随着复合材料用量的大幅增加,钛合金用量也将在未来民用飞机结构件中不断增加,因此,实现钛合金的高效精密加工是民用飞机结构件制造的关键技术。

参考文献

[1] C·莱茵斯 M·皮特尔斯[德]. 钛与钛合金[M]. 北京：化学工业出版社,2006.

[2] 熊青春,宋戈,赵威. 难加工材料切削加工技术——钛合金飞机结构件切削技术发展趋势[J]. 航空制造技术,2013(14)：40－47.

[3] 黄旭,朱知寿,王红红. 先进航空钛合金材料与应用[M]. 北京：国防工业出版社,2012.

[4] 齐德新,马光锋,张桂木. 钛合金切削加工性综述[J]. 煤矿机械,2002(11)：3－4.

[5] 史兴宽,杨巧凤,蔡伟,等. 钛合金 TC4 高速铣削表面完整性的研究[J]. 航空制造技术,2001(1)：106－108.

[6] 山特维克可乐满. 钛合金铣削的新进展[J]. 航空制造技术,2012,410(14)：34－37.

[7] 张俊. 快进切削技术在钛合金粗加工中的应用——轻刚性机床钛合金高效加工的技术方法[J]. 科技信息,2010(29)：112－114.

[8] 余国湘. TC4 钛合金的成型铣削[J]. 稀有金属材料与工程,1981(6)：24－27.

[9] 章熠鑫,李亮,王涛,等. 刀具刚度对钛合金超薄侧壁加工变形的影响[J]. 航空制造技术,2015,477(8)：70－72.

[10] 孙程成,王亮,侯吉明,等. 钛合金薄壁件圆角数控铣削质量控制[J]. 航空制造技术,2010(15)：74－76.

[11] 戚宝运,何宁,李亮. 冷却润滑介质对钛合金 Ti_6Al_4V 加工性能的影响(英文)[J]. 南京航空航天大学学报(英文版),2011,28(3)：225－230.

[12] 苏宇,何宁,李亮. 低温最小量润滑高速铣削钛合金的试验研究[J]. 中国机械工程,2010(22)：2665－2670.

[13] 严鲁涛,袁松梅,刘强. 绿色切削中的微量润滑技术[J]. 制造技术与机床,2008(4)：91－93.

[14] 胡增荣,李俊杰,孙义林,等. 高压冷却技术在航空高温合金薄壁零件加工中的应用[J]. 精密制造与自动化,2016(2)：5－6.

[15] 山特维克可乐满. 高压冷却技术在航空零件加工领域的优势[J]. 工具技术,2012(9)：26－28.

11 民用飞机复合材料构件高效 精密数控加工关键技术

先进复合材料即是在传统材料基础上发展出来的一种新材料。碳纤维增强复合材料(carbon fiber reinforced polymer, CFRP)作为最具代表性的一种先进树脂基复合材料,由于其具有比强度和比刚度大、耐腐蚀、可设计性强等诸多优势,自 20 世纪 70 年代开始应用于航空领域。随着全球航空业的快速发展,无论是强调飞行性能的军机,还是强调安全、经济、环保、舒适的民机,更轻、更强的复合材料化飞机结构已经成为大势所趋,在过去几十年里 CFRP 快速发展成为航空结构件的主流材料。从小尺寸、小承力的整流罩、扰流板到尾翼级的次承力部件,再到机身、机翼级的主承力大型结构体,CFRP 已经逐步替代传统的铝合金、高强钢等金属材料成为主要的航空结构件材料。

复合材料与传统单相金属材料的切削加工过程有着明显的区别,这使得切削加工领域必须面对新的挑战,这一方面是由于复合材料的各向异性和非均匀性所造成;另一方面则是由其组成相材料本身的切削加工性能所决定。

复合材料的非均匀性对切削加工过程的影响主要体现在刀具交替与基体材料和增强材料互相作用,而这两相材料的与刀具的切削匹配性能存在较大差异。因此,在同一切削刃口的作用下,两相材料容易产生切削中材料分离过程的不协调,如 CFRP 加工表面粗糙度和尺寸精度下降,纤维拔出、撕裂等现象的出现很大程度就与碳纤维和树脂的切削加工性能差异太大直接或间接相关。复合材料各向异性的影响则主要为复合材料在切削加工时表现出显著的方向性,如 CFRP 层合板的层间结合强度仅为其沿纤维方向抗拉强度的 5%~20%,易在切削力的作用下形成层间分层。又例如切削 CFRP 时在不同的纤维方向角条件下的材料去除机理完全不同。CFRP 的切削加工问题已经逐渐突显,尤其是对于航空制造业,面对着未来飞机材料复合材料化的大趋势,如何实现 CFRP 高效、低缺陷切削加工是提高飞机复合材料用量和应用水平的关键支撑技术之一。

11.1 航空碳纤维增强复合材料性能特点

11.1.1 航空碳纤维增强复合材料机械性能

航空碳纤维增强复合材料,一般是指碳纤维增强树脂基复合材料,以碳纤维及其制品增强的树脂基复合材料[1]，简称为 CFRP。CFRP 是以高强度、高模量的碳纤维作为增强相材料，以抗疲劳、耐腐蚀、可设计性强的聚合物树脂作为基体相材料复合而成的一种先进树脂基复合材料，其材料性能继承自这两种单相组成材料的属性，并通过不同结构层次上的融合得到了更优异的性能。

碳纤维(carbon fiber)作为增强相材料，一般是呈连续状态的长纤维，以单向、二维编织、三维编织的形式作为复合材料的主要承载体，碳纤维的机械性能是 CFRP 实现轻质量、高强度、高模量的关键。碳纤维主要是由碳元素组成的一种特种纤维，分子结构介于石墨与金刚石之间[2]。碳纤维属于常用的高性能纤维之一，具有优异的机械物理化学性能[3, 4]：

(1) 质量小，密度为 1.5~2.0 g/cm³，比铝合金小，约是钛合金的 1/2，钢材的 1/4；

(2) 强度高，抗拉强度大于 3.5 GPa，最大可达 7.02 GPa；

(3) 模量高，弹性模量大于 230 GPa，最大可达 830 GPa；

(4) 热膨胀系数小，且各向异性，平行于纤维方向为负值；

(5) 导热系数大，导热率随着温度的升高而下降；

(6) 导电性好，但易与铝合金形成电化学腐蚀；

(7) 耐高温、耐腐蚀，非氧化条件下可耐 2 000℃，化学性质非常稳定，耐酸耐碱；

(8) 耐油、抗放射、抗辐射、吸收有毒性气体和使中子减速等。

航空领域采用的碳纤维主要为 12k 以下的小丝束聚丙烯腈基碳纤维，被称为宇航级的高性能碳纤维。日本占据了此类碳纤维生产的统治性地位，东丽(Toray)、东邦(Toho)、三菱人造丝(Mitsubishi Rayon)三家公司的产量几乎垄断了整个市场，东丽公司的 T300、T400H、T700S、T800S、T800H、T1000G 等高强度系列碳纤维，以及 M40、M46、M50J、M55J、M60J、M65J 等高模量系列碳纤维都成为宇航级应用的标杆性产品[2, 4]。

聚合物树脂(resin)作为基体相材料，主要是将增强相的纤维材料粘接在一起，为纤维传递和分配载荷，保护纤维不受周围环境影响，并承担固化或热塑成 CFRP 构件最终结构的任务，其性能决定了 CFRP 的结构强度、结构刚度、使用温度、断裂韧性、耐湿热老化等最终的使用性能[5-7]。热固性的环氧树脂(epoxy)是航空 CFRP 最常用的树脂基体材料，具有优良的工艺性能、力学性能和物理性能，与碳纤维的黏结性好，化学性质比较稳定，尤其是成型之后的尺寸精度更容易保证使得其在航空、航天得到更多的应用。但环氧树脂也有缺点，如冲击韧性不够，容易在中等温度(200℃左右)条件下出现材料软化、化学降解和老化。近年来通过环氧树脂增韧技术和改善湿热性能技术，环氧树脂的损伤容限和使用温度不断提升，并称之为先进树脂基体材料，已经发展成为飞机主承力 CFRP 构件的主要树脂基基体。另外在有高温工作要求的飞机复材结构件中，如飞机发动机外涵道，双马来酰亚胺树脂、聚酰亚胺树脂等中高温树脂也得到了应用。

CFRP 的增强纤维和基体材料确定之后,需经过一定的成型固化工艺得到最终的 CFRP 结构件。成型固化的方法大致分为两类:一类是纤维预浸成型工艺,也是最常用、最简单的一种方法,先通过纤维浸渍得到中间预浸料,再用预浸料经过不同的热压手段(手工、模压、真空罐等)得到设计需要的 CFRP 结构;另一类是液态成型工艺,直接将纤维制成预制件,再注入树脂,一次性完成加热和加压固化[8],如 RTM、RFI 和 VARI。因为成型固化工艺可以直接铺设、缠绕得到各种不同的零件几何结构形式,应用 CFRP 可节省大量二次机械加工成本,直接得到设计所需的 CFRP 构件形式。CFRP 单向层合板(unidirectional laminates)则是一种最为常见、简单的成型构件形式,以单向预浸布料逐层铺叠,以树脂基体作为中间黏结剂,每层预浸布料的铺层方向按照层合板的承力方向进行"剪裁"设计,最后铺叠形成的一种最基本的 CFRP 结构板。由于 CFRP 单向层合板中每层的纤维方向一致,其承力方向的机械强度非常高,这也使得这种结构形式常见于航空构件。

经过成型工艺之后,CFRP 继承并发展了碳纤维和高性能树脂材料的优点,成为一种性能极其优异的结构件材料[9-12]:

(1) 质量小、比强度和比模量大。表 11-1 所示为目前几种主流的航空结构材料的力学性能对比,可以看出 CFRP 是一种优异的轻质、高性能结构材料。因此 CFRP 可大幅提高材料的利用率,用 CFRP 代替金属材料可实现飞机减重 20%~40%。

表 11-1 各种常用航空结构材料力学性能对比

材　　料	密　度 /(g/cm³)	(0°)抗拉强度 /10³ MPa	(0°)弹性模量 /10⁵ MPa	比强度 /10⁷ cm	比刚度 /10⁹ cm
45 钢	7.81	1.03	2.0	0.13	0.27
航空铝 7075	2.80	0.47	0.75	0.17	0.26
钛合金 Ti-6Al-4V	4.50	0.96	1.14	0.21	0.25
CFRP-T300/LT-01	1.45	1.76	1.3	1.21	0.90
CFRP-T800/X850	1.60	2.60	1.8	1.63	1.13

(2) 性能可设计性、可剪裁性好。CFRP 可以通过设计碳纤维的取向及用量对材料性能实行剪裁,以轻质、合理的结构达到性能最优化。

(3) 易直接成型复杂构件,实现材料-结构一体化。CFRP 通常采用真空热压罐、树脂传递模塑、喷塑等近净成型工艺,能够直接通过材料成型得到最终零件结构,工艺性好,可减少零件个数,提高制造和装配效率。

(4) 耐高温和腐蚀、阻尼减震性好、耐疲劳好。适合飞机的恶劣工作环境,提高飞机的损伤容限和最终使用寿命。

11.1.2　碳纤维增强复合材料的各向异性

对于 CFRP 单向层合板而言,各向异性可以按照材料的复合结构层次划分,体现在三个层面上:

(1) 纤维的各向异性。纤维类原材料本身即具有各向异性,主承力方向为沿纤维拉伸的方向(0°拉伸方向),T800 级碳纤维在此方向上的抗拉强度可达 5 490 MPa。而在其他方向上长纤维不能承受过大载荷。

(2) 层内的各向异性。CFRP 层合板的中间原料一般为由碳纤维和树脂经预浸渍工艺形成的预浸布料层,也是 CFRP 层合板的一层。在层内,沿纤维方向(0°方向)是 CFRP 的强化方向,T800/X850 预浸布料抗拉强度可达 2 840 MPa,抗压强度可达 1 570 MPa;而层内垂直纤维方向(90°方向)的抗拉强度由树脂和碳纤维−树脂界面决定,仅为 80 MPa。

(3) 层间的各向异性。CFRP 层合板的层与层之间由树脂粘接,其层间结合性能主要由树脂和碳纤维界面影响决定。T800/X850 的面内剪切强度(层间 0°方向)为 98 MPa,层间结合强度(层间 90°方向)则由铺层方向影响在 80~100 MPa 之间变化。铺层方向相同的相邻两层之间的层间结合强度最大,铺层方向互相垂直的相邻两层之间的层间结合强度最小[13]。

如图 11−1 所示,CFRP 单向层合板在从碳纤维单丝到单层材料再到层合板三个材料结构层面上都存在各向异性,以 T800/X850 CFRP 层合板而言,其各种强度值强弱差异性可以达到从 5 490 MPa 到 80 MPa。

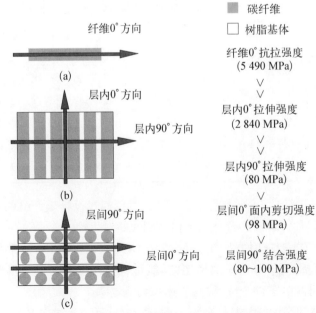

图 11−1　CFRP 层合板的各向异性(T800/X850)

(a) 纤维各向异性　(b) 层内各向异性　(c) 层间各向异性

CFRP 单向层合板作为工件材料在多层次结构上的显著各向异性会导致其在切削材料去除的过程中出现不协调现象。在强度较强的方向上,材料分离困难、消耗能量多,并造成切削力和热的随之上升。在强度较弱的方向上,材料又易受切削力、热影响产生损伤,并沿该方向扩展损伤。这些切削过程中的材料去除不协调现象最终都会以切削加工表面质量的形式体现,最明显的是加工缺陷会出现在强度最弱的环节上。因此,CFRP 在多层次结构上的显著各向异性是造成其切削加工质量难以保证并易出现加工缺陷的根本原因。

11.1.3 航空碳纤维增强复合材料切削加工性[1-22]

复合材料的各组成相材料通常也具有典型的难切削加工性,如纤维增强类复合材料在切削加工中通常都面临共同的难题,为了通过两相材料的设计得到复合之后的轻质量、高强度、高刚度等综合要求,其增强相材料一般都采用典型的高强度、高硬度的硬脆性材料,而其基体相材料则通常采用显著的塑性、软黏性材料,且受温高上升的影响明显。由此造成了基体相和增强相都是典型的难加工材料,且两相材料的难加工性相悖。增强相材料为硬脆难加工特性,其切削过程一般为受到刀具的挤压之后发生脆性断裂,易造成刀具的恶劣载荷和剧烈磨损;基体相为软塑难加工特性,其切削过程中材料的分离过程则有大塑性变形过程,尤其是在切削温度的影响下极易丧失基体材料原有的强度、硬度,并使得增强材料失去应有的保护和支撑产生各种加工缺陷,导致分层、毛刺、撕裂等现象的发生。一般纤维增强类复合材料的树脂基体会在高温下软化,达到软化温度时力学性能会大大降低。

此外,树脂基体材料还会在切削温度超过玻璃化转变温度时,产生一种所谓的玻璃化,即复合材料的模量-温度曲线出现急剧下降,在此温度附近树脂基体从一种硬的玻璃状的脆性状态转变为柔韧的弹性状态,材料的物理参数在此温度前后出现不连续的变化,这个对应的温度称为玻璃化转变温度(T_g,℃)。因此在树脂基复合材料的切削加工过程中还应包括切削温度的严格控制,防止出现因玻璃化转变而导致的材料失效。

由上可知,复合材料从材料组成和复合属性上导致了切削加工性能较差、切削过程材料去除规律复杂、易形成切削加工缺陷,图 11-2 给出了 CFRP 复合材料的难切削加工属性的来源。

由于 CFRP 构件可以直接通过材料成型过程实现复杂结构件的近净成型,当大量采用 CFRP 之后即可节省掉通过切削加工完成大余量的材料去除,制造装配效率得到了极大的提高。尽管如此,为了使 CFRP 构件能够达到最终零件所要求的几何尺寸、形状精度和表面质量,材料成型之后再进行切削加工基本是难以避免的。钻削、车削、铣削和锯削是 CFRP 常用的切削加工方式。其中,钻削是最主要的一种,这是由于 CFRP 结构件在装配连接中涉及极大量的制孔加工需求,且装配制孔一般处于生产的最后阶段,若出现废品损失严重。美国 F-16 战机上有接近 4

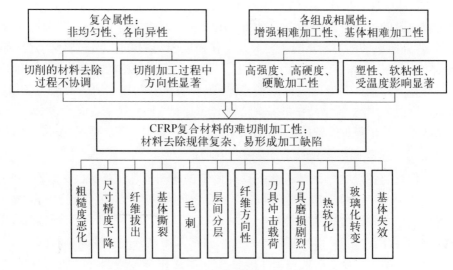

图 11-2　CFRP 复合材料的难切削加工属性

万多个的装配连接制孔需求，美国 B-747 飞机上有约 300 万个连接制孔需求，而这些飞机的复合材料化比率已经非常之高。空客 A350 上一个重要 CFRP 结构部件的生产就需要进行约 55 000 个装配制孔。由于需求巨大，CFRP 的钻削制孔技术已经作为复合材料应用的关键技术之一而受到重视，美国在研制 F-22 战斗机的过程中曾专门将复合材料钻孔作为关键攻关技术之一投入大量人力、物力进行研发。我国航空制造业的战略性快速发展，批量生产的复合材料化军机和民机都有着大量的装配制孔需求。

11.2　航空碳纤维增强复合材料切削加工机理

面对航空制造业的巨大需求，围绕 CFRP 切削加工的基础研究也相应展开，主要的研究范围包括材料去除机理、刀具的切削匹配性、刀具磨损机理、加工缺陷形成机理与表面质量控制等四个方面。

11.2.1　碳纤维增强复合材料去除机理[23-28]

由于 CFRP 具有相当的多样性，增强碳纤维和树脂基体类型与体积分数的不同、铺层角度和方式的不同、成型制备工艺的不同等，都会导致其在切削加工性能上有一定的差异性。碳纤维增强复合材料的切削加工性主要由三方面的因素决定：① 碳纤维和树脂基体各自的机械物理性能；② 纤维铺设方式与方向；③ 碳纤维的体积分数含量。尤其是碳纤维的性能的高低与体积含量，极大影响 CFRP 的切削加工难易程度。CFRP 的切削加工机理与脆性材料相似，切屑呈黑色粉末状。碳纤维在切削加工过程中的切屑分离方式：纤维在受压、受弯曲、受剪之后，纤维的脆性断裂破坏。

一般采用正交切削(orthogonal cutting)同向铺层的 CFRP 单向层合板来观察和获得碳纤维增强复合材料在切削过程中碳纤维的断裂分离形式、树脂基的弹塑性变形以及切屑形成。纤维方向角被认为是 CFRP 在切削过程中影响最大的一个因素,切削速度方向与未切削层纤维方向所夹的角度即为纤维方向角(θ)。纤维方向角不同时 CFRP 的切削去除机理完全不同。如图 11-3 所示,CFRP 在正交切削时的材料去除机理分为三种主要的类型:切削速度方向与纤维方向一致时的层剥断裂机理、切削速度方向与纤维方向呈锐角关系时的挤压剪切断裂机理以及切削速度方向与纤维方向呈钝角关系时的弯曲剪切断裂机理。

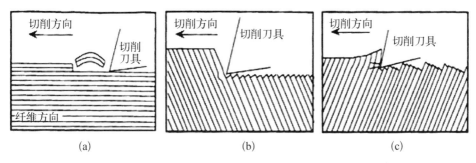

图 11-3　CFRP 切削加工的材料去除机理
(a)层剥断裂　(b)挤压剪切断裂　(c)弯曲剪切断裂

纤维增强类复合材料(FRP)本身具有可设计性,不同材料之间的性能差别极大,而随之带来的即是切削加工性能的巨大差异。目前工程结构中常用的 FRP 主要为碳纤维(carbon fiber)、玻璃纤维(glass fiber)和芳纶纤维(aramid fiber)增强的树脂基体,分别简称为 GFRP、CFRP 和 AFRP。不同类型的增强纤维其切削加工性能差异明显。其中,由于芳纶纤维的维韧性高,对基体树脂黏结性差,剪切强度低,其切削加工性能是最差的。碳纤维则是由于纤维强度高、模量高,切削性能也极差,易造成刀具崩刃或严重磨损。尽管如此,在 CFRP 中碳纤维的类型也是多样化的。东丽公司作为宇航级碳纤维原料的标准制定者,从 T300 级的基础级碳纤维,到 T800、T1000 的高强度碳纤维,其 0°方向的抗拉强度从 3.5 GPa 提升到了接近 7.0 GPa。可见,不同类型增强碳纤维之间的强度值相差可达一倍以上,切削性能也会因此相差甚远。此外,CFRP 在层合板的铺层角度、热成型工艺上也具有多样性,这都使得 CFRP 的力学性能有着明显的差异,切削加工性能也随之不同。

11.2.2　碳纤维增强复合材料刀具磨损机理[29-32]

CFRP 在切削加工中的刀具磨损机理主要为磨粒磨损,在某些条件下也可能形成月牙洼磨损和黏结磨损。刀具磨损机理与 CFRP 的增强相属性有直接关系,碳纤维有着极高的硬度(HRC=53~65),极易在切削过程中于刀具与工件的接触区域因为摩擦作用形成剧烈的磨粒磨损,在此过程中一般伴随着显著的后刀面磨损现象,过快的刀具磨耗甚至还可能造成切削刃的快速后退、钝圆半径的增大。在切削温度较高时,树脂材料发生软化,弹塑性明显增强,切屑在前刀面的黏滞可能会形成一定程度的月牙洼磨损,已加工表面的回弹与刀具后刀面的相互作用也会造成黏结磨损的发生。图 11-4 所示为钻削 CFRP 时发生的典型刀具磨损现象,即在刀具后刀面发生了快速磨损,最大后刀面磨损宽度(VB_{max})扩展显著。另外,切削刃钝圆半径(cutting edge radius, CER)的增大钝化也极为明显,切削刃的锋利性快速降低。而这些都源于高模量、高硬度碳纤维的存在,造成了磨粒磨损机制在加工CFRP 时成为刀具磨损的主导因素。

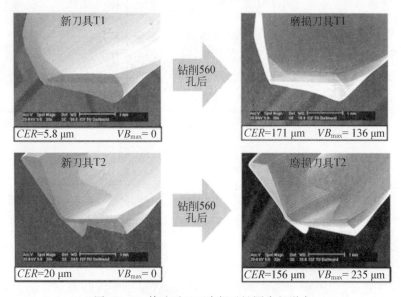

图 11-4　快速后刀面磨损及钝圆半径增大

另外,由于 CFRP 的增强碳纤维和树脂基体在强度和刚度等机械性能上有明显差异,导致刀具在切削时受到的载荷是不均匀的、周期性变化的。CFRP 的两相组成材料在热成型过程中也会由于热物理性能的差异以及成型工艺的原因造成内应力,在切削加工中这部分内应力的释放也会使刀具受到非均匀的变化载荷作用。另外,碳纤维本身的硬脆性也会在切削加工中对刀具形成冲击载荷。这些因素综合作用的结果就是在 CFRP 的切削过程中,刀具条件十分恶劣,受到的是低周的动态变化载荷以及冲击载荷的共同作用,切屑的产生并不连续。因此,刀具的切削刃极可能在这种载荷条件下造成疲劳破坏或是冲击破坏。当刀具强度不足或达到疲劳寿命时,就会造成切削刃微崩刃、崩刃等破损现象,这种刀具破损形式的发生在PCD 等超硬材料中尤其常见。图 11-5 所示即为切削 CFRP 时发生了崩刃导致刀具破损失效。

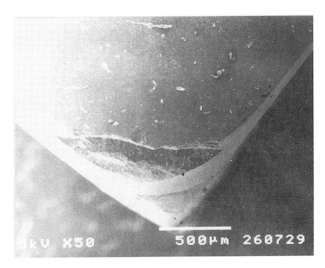

图 11-5 PCD 刀具微崩刃和崩刃

CFRP 切削加工中，为了获得更长的刀具使用寿命，一般采用硬度更高、抗磨粒磨损能力更强的刀具材料和涂层材料，如金刚石涂层硬质合金刀具、PCD 刀具等。而且，这些超硬材料或涂层的刀具在切削质量上也更有优势，对 CFRP 构件的尺寸精度、表面粗糙度都有大幅度的改善。

11.2.3 碳纤维增强复合材料表面加工质量与缺陷形成机理[33-37]

CFRP 的切削加工由于涉及破坏工件材料中连续的长碳纤维，形成一个由纤维和树脂断面组成的切削加工表面，这在某种程度上破坏了 CFRP 构件本身的连续性和完整性，极易使得结构件服役时在切削加工表面处集中出现疲劳裂纹、强度失效等现象。因此，CFRP 切削加工表面的质量在某种程度上决定着整个 CFRP 结构件的最终服役性能。

CFRP 表面加工质量的概念范畴与传统单相金属材料是完全不同的。传统金属材料以包括了几何和物理两个方面参数所表征的表面完整性来描述表面加工质量，如几何方面的表面粗糙度(Ra)和表面几何形貌（主要指表面纹理、振纹、接刀痕等），物理方面的残余应力分布（包括表面残余应力和沿层深应力分布）、金相组织变化（机械变形和相变）和表面层显微硬度变化等。而上述这些表面完整性所包括的各种参数也是基于金属材料在切削加工过程中表面质量可能受到的影响所决定的，即金属材料在切削加工中在受到切削力和切削热的共同作用下会在几何和物理两方面对最终表面质量产生影响。而对 CFRP 而言，在受到切削过程中力热耦合作用的影响下，其加工表面的形成与金属材料完全不同，在表面质量的描述上也就不可能相同。在切削加工中，碳纤维由于稳定性好不会发生除机械破坏断裂之外的其他变化，树脂基体属于高度交联化的高分子聚合物，其热固成型的过程属于不可逆过程，成型之后的空间交联结构十分稳定，除在高温下出现热软化和过热后碳化降解失效外，也不会发生其他物理化学变化。尽管如此，切削温度所引起的热影响对 CFRP 仍会有间接影响，主要是由于受热影响的树脂将失去对碳纤维的支撑和保护，使得碳纤维更易受到沿纤维以外方向的载荷作用，从而使表面质量受到影响。因此，CFRP 的表面加工质量所涉及的主要是几何方面，不需考虑残余应力、相变、表面硬化等现象。

　　图 11-6 为 CFRP 在正交切削时所形成的典型加工表面。可以发现，由于碳纤维的存在表面加工质量具有显著的方向性，表面形貌和轮廓会随着纤维方向角的不同发生变化。在沿纤维方向切削加工时 ($\theta < 45°$)，CFRP 的表面加工质量相对较好，表面轮廓平滑，粗糙度小。在逆纤维方向切削加工时 ($\theta > 135°$)，CFRP 的表面质量明显下降，出现周期性波动表面轮廓，粗糙度显著恶化，并出现沿纤维方向向工件基体内部扩展裂纹的趋势。由此可见，纤维方向角 (θ) 同样是表面加工质量的重要影响因素。随着 θ 的变化，CFRP 中纤维的切削加工中的材料去除断裂方式是完全不同的，即由层剥断裂、挤压剪切断裂、弯曲剪切断裂等纤维断裂方式所形成的微观纤维断口具有各自独特的形貌和轮廓。因此，由众多微观纤维断口所组成的加工表面轮廓也会存在显著的宏观差异性，导致表面粗糙度和表面形貌随 θ 的改变呈现规律性变化。造成这种表面形成机理的原因仍是 CFRP 中两相材料在切削力热作用下的协调变形问题。此外，在工件材料的纤维方向角固定的前提下，切削速度、进给量、刀具材料和磨损程度、刀具刃口参数（钝圆半径和刃口钝化处理方式）等都是决定表面加工质量的因素，通过优化改变这些因素可以改善表面加工质量、减少表面缺陷形成。

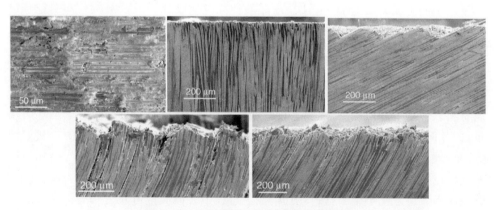

图 11-6　正交切削 CFRP 表面加工质量

　　CFRP 在切削加工中易形成表面缺陷，是表面加工质量研究中最为重要的问题，其机理讨论也是研究热点。目前主要把 CFRP 的加工缺陷分为以下主要类型：分层（delamination），毛刺（burr），起毛（fuzzing），撕裂（spalling/splintering），烧伤（burning），纤维拔出（fiber pull-out）和纤维断裂（fiber fragmentation）。

11.3 航空碳纤维增强复合材料加工在线检测

目前,在大型客机装配中,主要有 CFRP/CFRP、CFRP/钛合金、CFRP/铝合金三种连接方式。在 CFRP 制孔过程中,制孔精度和质量都将影响构件装配。CFRP 制孔精度指标主要包括尺寸精度、圆度、圆柱度、位置精度等,CFRP 制孔质量指标主要包括孔壁粗糙度和入口剥离分层、出口分层、层间分层、撕裂与毛边、孔壁树脂烧蚀、孔周表面纤维抽出等缺陷。CFRP 制孔产生分层等缺陷会使零件负载能力剧烈下降,造成零件报废等无法弥补的损失。据统计,在飞机的最后组装中,因制孔分层等质量缺陷导致报废的 CFRP 零件数量占全部报废零件的 60% 以上。因此,如何保证 CFRP 制孔精度和质量成为保证 CFRP 构件装配服役性能的关键技术。

11.3.1 声发射技术

虽然通过超声波检测、X 射线检测、计算机层析照片检测等无损检测手段可以在不破坏结构件的前提下进行缺陷检测和评价,但这些手段都难以实现加工缺陷的在线预测。声发射则是一种有较好实时性的在线检测技术手段,适用于检测具有活性的微观缺陷本身。因此考虑将声发射引入 CFRP 切削加工过程的在线检测,可以加强 CFRP 结构件切削加工过程中的缺陷在线控制能力[38-40]。

声发射(acoustic emission,AE)又称为应力波发射,是材料中局域源快速释放能量产生瞬态弹性波的现象,声发射是一种常见的物理现象,大多数材料变形和断裂时有声发射发生,但许多材料的声发射信号强度很弱,需要借助灵敏的电子仪器才能检测出来,用仪器探测、记录、分析声发射信号和利用声发射信号推断声发射源的技术称为声发射技术[41-43]。

声发射技术的主要优点包括:

(1)声发射是一种动态的检测方法,探测到的能量来自被测物体本身;

(2)声发射对活性缺陷敏感,即正在或即将发生的缺陷,而稳定缺陷源并不能发出声发射信号;

(3)声发射能够进行缺陷活性程度评价,活性越高的声发射信号预示着即将发生缺陷的快速扩展,有利于在工业过程实时在线预报缺陷及早控制;

(4)声发射检测可用于预防由未知的不连续缺陷可能引起的系统性灾难破坏,可以设定工作过程中最高的工作载荷;

(5)声发射可以检测可用于较为恶劣的环境且不影响生产的正常进行,适用于工程现场的在线监测和预警任务。

声发射信号的原始采集信号是一个时域里的电压幅值信号,有突发型和连续型两种类型。突发型 AE 信号(短波信号)是时域中独立可分的一个声发射信号,而连续 AE 信号(长波信号)是多个在时域上不可分的突发型声发射信号叠加在一起形成的信号。AE 信号包含了丰富信息,表征的参数也有很多,主要包括:

(1) 撞击(hit):

AE 信号超过门槛并使某一个通道获取数据的任何信号称之为一个撞击,它反映了声发射活动的总量和频度,常用于声发射活动性评价。

(2) 幅值(amplitude):

幅值是指 AE 信号上的最大幅值,以分贝(dB)形式表示为

$$dB = 20\lg\left(\frac{V_{\max}}{1\,\mu\mathrm{V}}\right) - pre$$

式中:$V_{\max}$ 为最大电压幅值;pre 为以 dB 为单位的前置放大增益。

(3) 上升时间(rise):

上升时间是指 AE 信号第一次越过门槛值达到最大振幅所经历的时间。

(4) 持续时间(duration):

AE 信号从第一次越过门槛值至最终降至门槛所经历的时间间隔。

(5) 振铃(count):

振铃是指 AE 信号超过门槛值的振荡次数,可用于声发射的活动性评价。

(6) 能量(Energy):

能量是指 AE 信号在检波包络线下的面积,反映 AE 信号的强度。

(7) RMS(有效电压值):

RMS 是有效值电压,指采样时间内信号的均方根值,表达式为

$$RMS = \sqrt{\frac{1}{T}\int_{T_1}^{T_2}(V(t))^2\,\mathrm{d}t}$$

式中:T 为时间常数。

(8) ASL(平均信号电平):

ASL 是平均信号电平,指采样时间内信号电平的均值,表达式为

$$ASL = 20\lg\left(\frac{V_{\mathrm{rms}}}{10^{-6}}\right) - pre$$

式中:V_{rms} 为 RMS 电压幅值;pre 为 dB 单位的前置放大增益。

11.3.2 AE 信号定征试验

复合材料的声发射源包括基体开裂、纤维和基体脱开、纤维拔出、纤维断裂和纤维松弛等,基于此研究者纷纷考虑可以利用 AE 技术实现复合材料加工的在线检

测,进行加工状态监控和缺陷预测。但在实现 AE 技术在 CFRP 切削加工在线检测之前,必须解决 CFRP 加工缺陷的 AE 信号定征试验。

图 11-7 为碳纤维预浸布料飞切试验中不同材料断裂 AE 信号的监测试验示意图。当碳纤维发生断裂、树脂基体断裂、碳纤维-树脂基体剥离时,碳纤维预浸布料中都会形成局部区域的应力能量集中释放,因此会产生相应强烈的声发射信号。

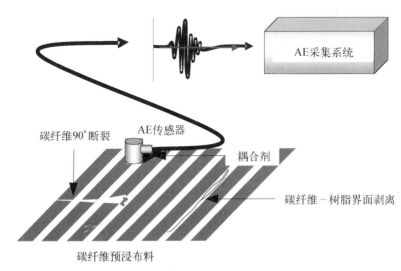

图 11-7　CFRP 切削中的 AE 信号监测

1) 长波时域、频域特征

图 11-8 为飞切碳纤维预浸布料时的典型 AE 时域信号,为声发射监测的原始信号。在同样的 400 000 μs 记录时间内,分别以平行于碳纤维的 0°方向[见图(a)]和垂直于碳纤维的 90°方向[见图(b)]切断预浸布料,得到了两段连续的 AE 信号(飞切速度均为 200 m/min)。可以看到,两个方向上 AE 信号差别较为明显,90°方向的断裂活动更活跃,由数量更多的短波信号组成,而 0°方向的活动性较低。由此可见,90°方向发生了更多的纤维断裂、基体撕裂,而 0°方向的层剥分离则相对容易发生且易于扩展、断裂活动次数较少。

如图 11-9 所示,是对图 11-8 两段时域信号进行频谱分析之后得到的,分别为 0°方向[见图(a)]和垂直于碳纤维的 90°方向[见图(b)]飞切碳纤维预浸布料时的典型 AE 频谱。可以看到,两个方向上 AE 信号差别较为明显,90°方向切削时的频谱更宽、涉及高频成分更多,且更活跃,由数量更多的短波信号组成,而 0°方向切削的频谱窄且主要为低频成分。

2) 基于能量和峰频的 AE 撞击聚类

由长波的时域特征可知,AE 切断预浸布料时在短时间内产生数量极大的 AE 短波信号,每一个短波信号又称为一个撞击。产生短波的具体材料断裂行为决定

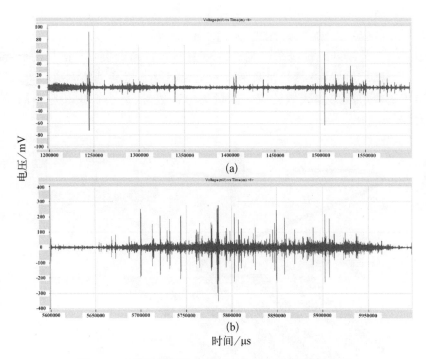

图 11-8　碳纤维预浸布料切削中的典型 AE 时域信号
(a) 0°方向切断 AE 时域信号　(b) 90°方向切断 AE 时域信号

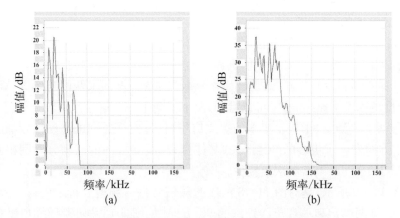

图 11-9　碳纤维预浸布料切削中的典型 AE 信号频谱
(a) 0°方向 AE 信号频谱　(b) 90°方向 AE 信号频谱

了撞击的特征,但由于切削过程复杂干扰多、复合材料中应力波传导受界面影响的原因,导致了短波信号的撞击特征并不唯一。因此可以通过对撞击信号进行聚类分析来完成对碳纤维预浸布料飞切过程中主要断裂力学行为的 AE 信号定征。本节中的 AE 信号聚类分析基于能量和峰值频率,按撞击次数聚类等级共分 5 档: ≤

100％、80％、60％、40％、20％,如图 11－10 所示。通过基于能量和峰频率的聚类分析可以得到 0°方向和 90°方向飞切碳纤维预浸布料时分别得到 6 个和 5 个聚类,而两个方向之间的 AE 撞击信号聚类有相似也有不同。表 11－2 列出了 0°方向和 90°方向飞切碳纤维的 AE 撞击聚类统计结果,联系 0°方向和 90°方向切削碳纤维时材料断裂方式,通过分析可以得到碳纤维预浸布料断裂撞击 AE 信号的基本特征如下。

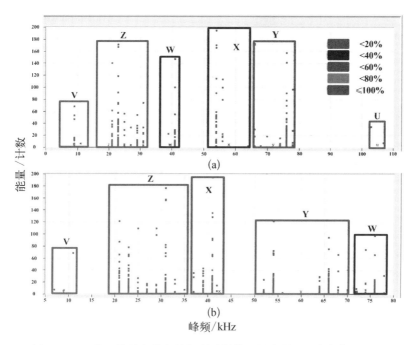

图 11－10　基于能量和峰频的切断碳纤维预浸布料 AE 撞击信号聚类

（a）0°方向 AE 撞击聚类　（b）90°方向 AE 撞击聚类

表 11－2　基于能量和峰频的 AE 撞击聚类表

	聚类	撞击/计数	能量/计数	振铃/计数	峰频平均/kHz	能量平均/计数	等级/%	定征结果
	Z	186	2 917	1 823	24.29	31	100	树脂断裂
	Y	106	1 855	1 306	74.72	78	56.98	0°界面层剥
0°方向切断	X	55	1 713	1 103	54.65	64	29.56	0°压断
	W	45	557	322	40.73	42	24.19	90°压断
	V	19	243	126	9.21	11	10.21	—
	U	2	41	36	105.00	107	1.07	—
	总计	413	7 326	4 716	—	—	—	

（续表）

聚类		撞击/计数	能量/计数	振铃/计数	峰频平均/kHz	能量平均/计数	等级/%	定征结果
90°方向切断	Z	406	4 000	2 494	25.08	35	100	树脂断裂
	Y	401	2 882	2 381	59.83	70	98.76	90°剪切
	X	177	1 827	1 266	40.15	50	43.59	90°压断
	W	107	904	712	73.70	78	26.35	撕裂缺陷
	V	6	84	47	9.33	11	1.47	—
总计		1 097	9 697	6 900	—	—	—	—

注：① 聚类等级计算是指占 Z 聚类撞击的百分比；
　　② 能量计数的单位为 10 μV·s，不足计为 0；
　　③ 未说明是界面的 0°和 90°断裂均指碳纤维的断裂。

（1）基于撞击、能量、振铃的 AE 信号定征。

在相同条件下切削碳纤维时，0°方向和 90°方向的总撞击计数分别为 413 次和 1 097 次，能量计数分别为 7 326 次和 9 697 次，振铃计数分别为 4 716 次和 6 900 次。0°方向和 90°方向 AE 撞击总数比约是 3.7/10，总能量比约是 7.5/10，总振铃比 6.8/10。即 90°方向切削碳纤维时 AE 撞击源较多（0°方向的 2 倍以上），材料断裂活动发生频繁，但 AE 撞击的平均能量水平较低，平均到单个撞击的活动性差。0°方向切削碳纤维时的 AE 撞击源明显减少，即材料断裂活动数量减少，但 AE 信号的平均能量水平较高（约是 90°方向的 2 倍），单个撞击的平均振铃数多（约是 90°方向的 2 倍），即衰减慢、撞击活性高，属于易扩展的高活动性断裂。

沿纤维 90°方向的剪切断裂 AE 撞击为低能量、低振铃数的快速衰减特征；沿纤维 0°方向的层剥分离断裂 AE 撞击为高能量、高振铃数的慢衰减特征，易发生断裂扩展。

在相同条件下切削碳纤维时，0°方向和 90°方向 AE 聚类等级最高（撞击次数最多）的 Z 档的平均峰频分别为 24.29 kHz 和 25.08 kHz，平均能量分别为 31 计数和 35 计数。考虑到两方向上的 Z 档聚类的特征几乎完全相同以及碳纤维预浸布料是以树脂为基体的复合材料，可以认为此峰频 25 kHz、能量 30 计数附近的 AE 撞击为树脂基体的断裂的特征信号。

（2）基于聚类峰频、能量的 AE 信号定征。

为分析不同聚类可能表征的碳纤维预浸布料飞切中的具体材料断裂行为，只考虑等级达到 20% 以上的聚类，并将峰频近似取整。可以得到 0°方向有 4 个聚类，其峰频、等级分别为 Z（25 kHz，100%）、Y（75 kHz，57%）、X（55 kHz，30%）、W（40 kHz，25%），90°方向有 4 个聚类：Z（25 kHz，100%）、Y（60 kHz，100%）、X（40 kHz，30%）、W（75 kHz，26%）。可以看到，除 Z 类为等级最高的树脂断裂外，0°和 90°方向的 Y 聚类分别表征各自方向上的主要材料断裂行为，即沿纤维 0°方向的碳纤维-树脂基体剥离 AE 撞击可以认为是 75 kHz 特征,沿纤维 90°方向的剪切断裂 AE 撞击可以认为是 60 kHz 特征。另外,可以看到 90°方向上的 W(75 kHz, 26%)聚类是频率 75 kHz 的沿纤维 0°方向的碳纤维-树脂基体剥离 AE 撞击类,这是由于 90°方向切削加工时极易发生的缺陷是基体撕裂即是沿纤维 0°方向扩展的碳纤维-树脂界面断裂。

在 90°方向切削加工时由于刀具不够锋利会在刃口前形成沿 90°方向的纤维压断断裂,因此可以认为 90°方向的 X(40 kHz, 30%)为此断裂撞击聚类,即 90°方向压断纤维 AE 撞击为 40 kHz 特征,0°方向的 W(40 kHz, 25%)聚类同样是因为被剥离的碳纤维易在刀具刃口前被 90°方向压断而形成的。在 0°方向切削碳纤维时存在界面剥离之后碳纤维沿纤维 0°方向被挤压断裂,可以认为 X(55 kHz, 30%)为此断裂撞击聚类,即 0°方向压断纤维 AE 撞击为 55 kHz 特征。

综上可得 CFRP 切削加工过程中的主要 AE 信号聚类的定征结果,如表 11-2 所示。

3) 短波特征

根据之前的 AE 聚类信号的定征分析可以进一步提取每一种 AE 聚类的典型短波时域信号,如图 11-11 所示。

(1) 树脂断裂。

典型树脂断裂 AE 信号的特征为:峰频 23 kHz、上升时间 562 μs、持续时间 1 036 μs。

由于是基体断裂,0°方向和 90°方向飞切时都监测到最多的此特征类型信号。由图 11-11(b)可以看到,树脂断裂 AE 短波信号的主要特点是上升时间长和持续时间长,是一个上升和衰减都很慢的信号。这是由于与硬脆的碳纤维不同,树脂基体的弹塑性更强,在受到切削力作用更容易形成低频、慢速的断裂应力波。

树脂断裂 AE 短波信号的峰值频率是所有聚类中最低的。

(2) 0°界面层剥和撕裂缺陷。

典型 0°界面层剥 AE 信号的特征为:峰频 76 kHz、上升时间 198 μs、持续时间 16 776 μs。

典型撕裂缺陷 AE 信号的特征为:峰频 76 kHz、上升时间 112 μs、持续时间 861 μs。

0°界面层剥为沿纤维 0°方向受到切削力作用的正常材料分离;撕裂缺陷为沿纤维 90°方向受到切削力作用产生的工件材料内部断裂,是沿纤维 0°方向扩展的撕裂缺陷。由于两者从本质都是沿纤维 0°方向进行的碳纤维-树脂界面断裂,可以看到短波信号较为相似,如图 11-11(a)和(d)所示。此种断裂 AE 短波信号的主要特点是频率、幅值、能量极高,上升快速但衰减慢、振铃数高,即是一个活动性很高、易于形成扩展的断裂信号。这是由于碳纤维-树脂界面是 CFRP 最弱的一个环节,受到 0°和 90°方向切削力的影响都较容易形成界面断裂,并释放出储存在界面上的

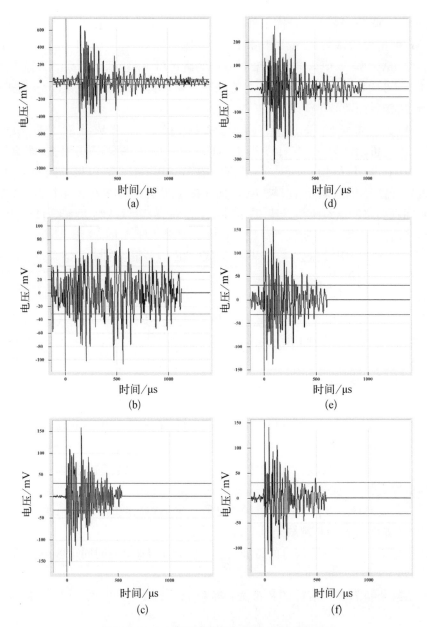

图 11-11 AE 撞击聚类的典型时域短波波形

CFRP 结构内应力,产生一个高频率、高能量的断裂应力波,且由于长纤维的存在易于使断裂沿纤维 0°方向形成快速扩展,导致持续时间长、振铃数高。

0°界面层剥和撕裂缺陷 AE 短波信号是所有聚类中持续时间最长、峰值频率最高的。

(3) 碳纤维断裂。

典型 0°压断 AE 信号的特征为:峰频 54 kHz、上升时间 64 μs、持续时间

603 μs。

典型 90°压断 AE 信号的特征为：峰频 39 kHz、上升时间 45 μs、持续时间 493 μs。

典型 90°剪切 AE 信号的特征为：峰频 64 kHz、上升时间 94 μs、持续时间 509 μs。

由图 11-11(c)、(e)、(f)可以看到，0°压断、90°压断、90°剪切碳纤维的断裂信号较为相似，除在峰值频率上有明显区别之外，三种短波信号均表现出上升时间短、能量低、衰减快、持续时间短的特征。这是由于碳纤维作为一种高强、高硬的硬脆类材料在受到不同方向切削力作用产生断裂时都会瞬时快速释放一个应力波，但由于碳纤维极细(6～8 μm)，断裂能量较为有限，且周围的碳纤维-树脂界面会吸收一部分能量，导致应力波衰减快速且持续时间短。

碳纤维断裂 AE 短波信号是所有聚类中上升时间最快、能量最低的。

上述所有典型 AE 聚类短波信号的撞击参数，如表 11-3 所示。

表 11-3 碳纤维预浸布料飞切中典型 AE 短波信号的撞击参数表

AE 信号	幅值/dB	峰频/kHz	振铃/计数	能量/计数	持续时间/μs	上升时间/μs	RMS/mV	ASL/dB
树脂断裂	60	23	28	41	1 036	562	0.017 8	48
0°界面层剥	79	76	52	171	1 677	198	0.022 6	43
0°压断	64	54	23	37	603	64	0.015 8	44
90°压断	63	39	14	22	493	45	0.016 6	47
90°剪切	63	64	19	29	509	94	0.012 2	44
撕裂缺陷	70	76	33	65	861	112	0.020 0	40

注：① 能量计数的单位为 10 μV·s，不足计为 0；
　　② 未说明是界面的 0°和 90°断裂均指碳纤维的断裂。

11.3.3 基于 AE 信号的碳纤维增强复合材料切削缺陷预测建模

由于 CFRP 的各向异性和非均匀性，在切削加工过程中会产生不同类型的 AE 撞击聚类。通过上一小节 AE 信号的定征试验，得到了 CFRP 切削加工过程中常见的各种材料断裂类型所对应的 AE 信号特征及撞击参数范围，其中包括对撕裂缺陷定征。因此，进一步考虑建立 AE 监测中撕裂缺陷聚类信号参数与实际造成预浸布料工件材料撕裂深度 h 的定量模型关系，即基于 AE 信号的 CFRP 切削缺陷预测建模。

表 11-4 给出了金刚石涂层硬质合金刀具飞切 T800/X850 碳纤维预浸布料时撕裂缺陷 AE 信号聚类表，在 50～500 m/min 的范围内切削速度 V_c 变化会导致撕裂深度 h 随之发生改变，与此同时峰频为 76 kHz 的撕裂 AE 聚类的撞击数、能量计

数、振铃计数也不同。为考查撕裂深度 h、撞击数 N_{ht}、能量计数 N_{ent}、振铃计数 N_{ct} 之间的相互关系,将其各自归一化处理,得到如图 11-12 所示的结果。

表 11-4 不同切削速度条件下的撕裂缺陷 AE 聚类参数统计

切削速度/(m/min)	撞击/计数	能量/计数	振铃/计数	峰频平均/kHz	能量平均/计数	撕裂深度/mm
50	72	2 023	1 624	75.81	68	1.9
100	31	841	605	75.81	68	1.4
200	14	506	360	75.14	68	1.1
300	4	318	195	76.00	75	1.2
400	3	39	28	76	77	0.4
500	0	0	0	0	0	0

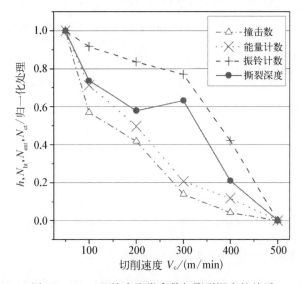

图 11-12 AE 撞击聚类参数与撕裂深度的关系

可以看到,随着切削速度 V_c 的提升,h 和三个 AE 计数量参数 N_{en}、N_{ct}、N_{ht} 均呈相似下降趋势,且线性相关性较高,三个 AE 计数量参数的累积明显直接映射到了撕裂深度 h 上。因此考虑建立基于 N_{en}、N_{ct}、N_{ht} 参数的线性模型来动态预测撕裂深度 h 的变化,即可以根据切削过程中通过 AE 传感器在线实时获取的 AE 计数量动态参数来确定已扩展的撕裂深度 h:

$$h = a \cdot \frac{N_{ht}}{L} + b \cdot \frac{N_{ent}}{L} + c \cdot \frac{N_{ct}}{L}$$

式中:N_{ent} 为能量计数;N_{ct} 为振铃计数;N_{ht} 为撞击计数;L 为切削长度;a,b,c 为相应线性系数。

将表 11 - 4 中数据代入式中,求解超定线性方程可得到 T800/X850 预浸碳纤维布料飞切加工时撕裂深度 h 与三个 AE 计数量参数的线性关系方程。考虑到碳纤维预浸布料的飞切与 CFRP 单向层合材料的进出口侧的切削加工工况相似,由此可以得到 T800/X850 CFRP 单向层合板进出口侧撕裂缺陷基于 AE 信号的预测模型:

$$h = 136.358\ 4\ \frac{N_{ht}}{L} - 4.064\ \frac{N_{ent}}{L} + 4.254\ 4\ \frac{N_{ct}}{L}$$

式中各量同上式。如表 11 - 5 所示,预测结果与实际撕裂缺陷深度的对比列表,可以看到模型预测的撕裂缺陷深度误差小于 15%。

表 11 - 5　基于 AE 信号的撕裂缺陷模型预测结果

预测值/μm	1 913	1 322	1 266	1 081	495	0
实验值/μm	1 920	1 410	1 100	1 200	430	0
绝对误差/μm	7	88	166	119	65	0
相对误差/%	0.3	6.2	15.1	9.9	15.1	0

11.4　航空碳纤维增强复合材料切削加工专用刀具

加工 CFRP 相对较低的切削温度和极高的抗磨损要求,使得在刀具材料选择时一般优先采用金刚石类的材料,常用的刀具形式主要为金刚石涂层的硬质合金刀具、聚晶金刚石(PCD)刀具、电镀金刚石刀具等。化学气相沉积(CVD)金刚石涂层刀具可比硬质合金刀具在寿命上提高至少三倍,并能明显改善毛刺、分层等 CFRP 加工缺陷的发生。

11.4.1　航空碳纤维增强复合材料铣削刀具

CFRP 的切削加工机理和金属材料的切削加工机理是完全不同的。在切削材料去除过程中,CFRP 没有金属材料切削中常见的塑性变形、剪切流动等材料变形过程,材料的主要去除形式为受到挤压、剪切、弯曲、拉伸之后直接发生脆性断裂。由于 CFRP 层合板显著的方向性,在不同纤维方向角下会形成不同的切削关系,相应的材料去除机理和切屑形成机理也会有重要区别。由于碳纤维对刀具刃口的快速磨损作用,CFRP 切削刀具应具备较好的抵抗摩擦磨损性能。锋利的切削刃口可以快速切断碳纤维,减小分层、毛刺等加工缺陷的发生。良好的抗摩擦磨损性能能够保持刀具锋利切削刃口,而磨钝的切削刃则可能引起大量的分层和毛刺等加工缺陷,导致加工精度下降。在工业生产中,需要根据被加工零件的加工精度和表面加工质量确定刀具磨损标准。因此,抗摩擦磨损性能和锋利的切削刃口是 CFRP

铣削加工刀具所需具备的两大关键性能。

针对 CFRP 铣削加工,典型刀具类型有小螺旋角铣刀、直槽铣刀、人字齿铣刀和交叉刃铣刀。

1) 小螺旋角铣刀

如图 11 - 13 所示,根据 CFRP 厚度不同,金刚石涂层小螺旋角铣刀可用于 CFRP 粗加工和精加工铣削,较小的螺旋角可以降低轴向切削力,防止 CFRP 表面分层。小螺旋角铣刀可用于 CFRP 铣边和铣槽等加工方式。

图 11 - 13　小螺旋角铣刀　　　　图 11 - 14　人字齿铣刀

2) 人字齿铣刀

如图 11 - 14 所示,金刚石涂层人字齿铣刀通过左螺旋齿和右螺旋齿相互抵消轴向切削力,减小表面分层,是 CFRP 铣边精加工的完美刀具。

3) 交叉刃铣刀

如图 11 - 15 所示,交叉刃铣刀通过齿形交错设计,可以有效分散轴向切削力,避免 CFRP 分层。根据不同加工余量,交叉刃铣刀可分为带有螺旋槽设计和不带螺旋槽设计。根据不同加工要求,交叉刃铣刀可以设计为无底刃、端铣底刃和钻削底刃等形式。

4) 直槽铣刀

如图 11 - 16 所示,采用焊接 PCD 直槽铣刀铣削 CFRP 时几乎不产生轴向力,因而也可以减小表面分层。

11.4.2　航空碳纤维增强复合材料制孔刀具

在 CFRP 钻削中应用的刀具结构类型较为复杂,主要包括麻花钻(twist drill)、匕首钻(one shot drill reamer)、多面钻(multi-facet drill)、三尖钻(kevlar drill)、套料钻(core drill)等。通过钻尖形貌和刀具角度的优化使得在钻削 CFRP 时碳纤维

图 11-15　交叉刃铣刀　　　　　　　　图 11-16　PCD 直槽铣刀

的切断更轻快、顺利,从而获得更小的轴向力、更低的钻削温度、更高质量的孔是 CFRP 刀具匹配性能研究的主要目标。

　　麻花钻作为最主要的金属钻孔刀具,具有结构形式简单的特点。在 CFRP 加工中,大负前角的横刃易引起过大的轴向力并可能造成分层。因此,通常采用 X 型或 S 型横刃修磨方式来改变横刃。匕首钻严格来讲是一种钻、铰复合刀具,由于有周向侧刃作为主切削刃直接参与钻孔,更易形成无毛刺、表面高质量的孔。匕首钻在抑制毛刺生长方面的作用在许多研究者的实验研究中得到了证实。多面钻在 CFRP 钻削的应用源于美国洛克希德公司成功采用八面钻提高了制孔质量和刀具耐用度。多面是指钻头的后刀面多于 2 个,一般采用双锋角和双后刀面的钻尖设计来实现 8 面以上的后刀面。双锋角的作用主要体现在两个方面,一方面可以延长主切削刃,平均切削载荷,提高刀具耐用度,另一方面可以在钻头的外缘处形成一段锋角更小的主刃,有利于纤维的高质量切断。双后刀面的作用则主要是减小 CFRP 在切削加工中的回弹影响,使刀具的后刀面尽量不与已加工表面发生摩擦。三尖钻是在钻头外缘转点处设计两个凸出的尖刃口,专门用于纤维的割断,防止出现毛刺以及孔口的撕裂。虽然三尖钻可以有效控制孔口的毛刺,但其主切削刃的强度也受到削弱。表 11-6 所示的是目前 CFRP 钻削研究中主要应用的刀具类型。

　　目前,典型的 CFRP 制孔刀具有以下几种:

　　1) 多面钻

　　如图 11-17 所示,金刚石涂层多面钻主要用于 CFRP 及 CFRP 叠层制孔,一般采用双顶角设计方式,可以有效控制 CFRP 钻削出口毛刺和劈裂。

　　2) 三尖钻

　　如图 11-18 所示,金刚石涂层三尖钻主要用于 CFRP/Al 合金叠层制孔,采用双顶角设计方式,可以有效防止铝合金出口毛刺产生。

表 11 - 6　CFRP 钻削用刀具主要类型

CFRP 钻削刀具	钻尖形貌	刀具结构	备　注
改型麻花钻 1			X 型修磨横刃、 小锋角、 金刚石涂层
改型麻花钻 2			刃口烧结 PCD、 外缘开断纤槽
匕首钻			四刃匕首钻
八面钻			金刚石涂层、 S 型修磨横刃
三尖钻		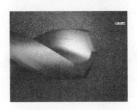	金刚石涂层、 X 型修磨横刃

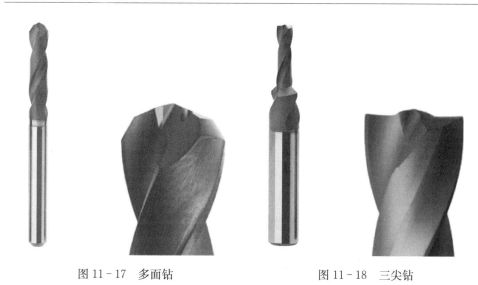

图 11 - 17 多面钻   图 11 - 18 三尖钻

3) 双刃带多面钻

如图 11 - 19 所示,金刚石涂层双刃带多面钻主要用于 CFRP 及 CFRP 叠层制孔,采用双顶角设计,并配合双刃带和扩铰设计,可以有效控制 CFRP 钻削出口毛刺和劈裂,并获得优异的 CFRP 孔壁质量。

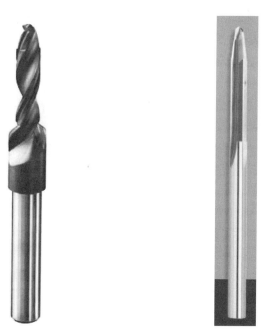

图 11 - 19 双刃带多面钻   图 11 - 20 匕首钻

4) 匕首钻

如图 11 - 20 所示,匕首钻主要用于数控或手动 CFRP 制孔,由于采用双峰角设计方式,且第二峰角很小,一般采用直槽和小螺旋角设计,在制孔过程中具有良好的稳定性和纤维切断能力,可以获得良好的制孔质量。

11.5　飞机平尾装配制孔应用案例

新一代大型客机对本体结构的服役性能要求极端苛刻,对轻量化、高性能、高可靠性征途构件制造提出巨大挑战。由 CFRP 整体构件与高性能轻合金(铝合金、钛合金等)构件装配制成大型组件已成为大型飞机结构发展的主要趋势。在 C919 大型客机上,在翼身对接区、平尾外伸段对接区等重要的承力部位为复合材料叠层结构,装配中有大量叠层结构制孔需求。

11.5.1　C919 客机平尾装配制孔设备

目前,CFRP 装配制孔生产现场主要通过以下方式进行装配制孔。

1) 手动制孔设备

手动制孔设备具有良好的柔性和便捷性,因此,在 CFRP 装配制孔生产现场仍然广泛使用,如图 11-21 所示。但是,手动制孔设备存在钻削速度和进给无法准确控制,制孔形位精度难以保证等问题,即使在制孔过程中采用钻模和导向套,也易产生误差。因此,采用自动制孔设备已经成为 CFRP 装配制孔的主要趋势。

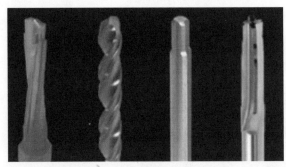

图 11-21　手动制孔设备及刀具

2) 自动进给制孔设备

自动进给制孔设备(advanced drilling unit, ADU)具有良好的精度和柔性,已经成为 CFRP 装配制孔的主要设备,如图 11-22 所示。但是,由于自动进给制孔设备在制孔过程中转速和进给速度可调整范围有限,同时刀具夹持方式比较特殊,必须针对不同孔径需求采用不同的 ADU,特别对于钛合金和 CFRP 叠层制孔,无法满足参数调整需求,应用比较困难。

3) 数控制孔设备

采用数控加工中心进行复材装配制孔具有良好的加工精度,而且主轴转速和进给速度能够准确控制和调整,使得制孔工艺具有较大的柔性和稳定性。因此,数控制孔设备已经成为大型客机 CFRP 结构件装配制孔的主要发展趋势,如

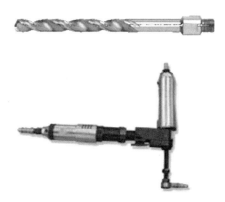

图 11 - 22　自动进给制孔设备和刀具

图 11 - 23 所示。目前,由于大型客机 CFRP 结构件装配需要数控制孔设备具备良好的柔性和可达性,因此,虚拟五轴加工中心成为数控制孔设备的主要选择。采用虚拟五轴加工中心不仅具有良好的柔性和主轴刚性,而且具备良好的可达性,能够最大限度满足 CFRP 大型结构件装配制孔。但是,虚拟五轴加工中心设备昂贵,世界上仅有少数国家能够开发该设备。

图 11 - 23　自动进给制孔设备和刀具

4) 机器人行星制孔设备

目前,波音公司已发展多种采用钻孔末端执行器及位姿控制系统的机器人柔性自动化制孔系统,如图 11 - 24 所示。柔性自动化制孔技术已在飞机结构件装配中得到应用,是飞机柔性装配技术的主要发展方向之一。

对于直径较大的装配孔,采用直接钻削制孔很难获得良好的制孔精度和质量,因此,行星制孔末端执行器结合位姿控制系统机器人成为解决大直径孔制备的关键技术。如图 11 - 25 所示,瑞典 Novator 公司开发的行星钻(orbital drilling),也称螺旋铣(helical milling)制孔方法,用于复合材料、钛合金及 C/A 叠层结构的制

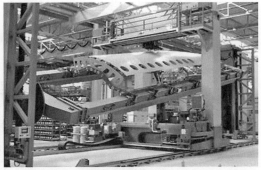

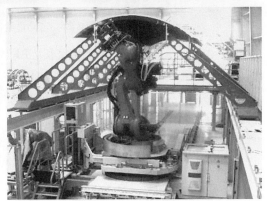

图 11-24　机器人柔性自动化制孔系统

孔,可减小轴向力,有效抑制分层和毛刺等缺陷,延长刀具寿命,保证制孔精度和质量,大幅度提高制孔效率,实现单工序短流程制孔。采用行星钻末端执行器与机器人组成自动制孔系统在波音和空客公司得到应用,代表了先进自动化制孔技术发展趋势。

(a)

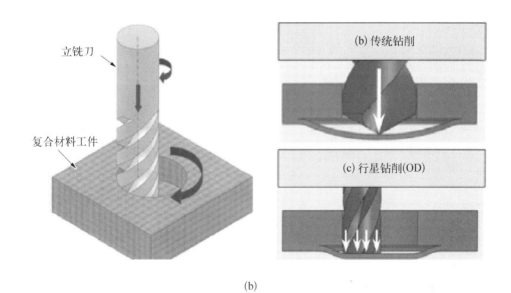

(b)

图 11-25　行星制孔设备和机理

(a) 行星制孔设备　　(b) 行星制孔机理

11.5.2　C919 客机平尾装配制孔应用

目前,在大型客机装配中,主要有 CFRP/CFRP、CFRP/钛合金、CFRP/铝合金三种叠层制孔方式。常用的 CFRP 机械连接方式主要有抽芯铆接、锁紧螺栓连接、高锁螺栓连接、干涉连接等,如图 11-26 所示。

1) CFRP/CFRP 叠层制孔

C919 大型客机平尾 CFRP 结构件主要采用单向铺层 CFRP 层合板和编制铺层 CFRP 层合板两种形式,如图 11-27 所示。单向铺层 CFRP 层合板在纤维铺层方向具有最高的强度,加工性能差,易产生分层;编制铺层 CFRP 层合板在各个方向具有相同的强度,加工性能较好,不易产生分层。因此,CFRP/CFRP 叠层制孔过程中,应该重点关注单向铺层 CFRP 层合板加工。

在 C919 大型客机平尾 CFRP 结构件装配制孔中,CFRP/CFRP 叠层制孔孔径主要有 4.83 cm、5.10 cm、6.35 cm 等,锪窝角度为 $100°$ 或 $130°$,采用虚拟五轴加工中心进行制孔,采用金刚石涂层硬质合金多面钻进行加工,如图 11-28 所示。

CFRP 叠层制孔加工参数为主轴转速 6 000 r/min,进给速度为 250 mm/min,现场测试结果如图 11-29 所示。制孔入口和出口均无劈裂、毛刺,完全满足制孔质量要求。

2) CFRP/铝合金叠层制孔

由于金属和 CFRP 具有不同的切削性能,因此,CFRP/铝合金叠层制孔需要分为两种情况。

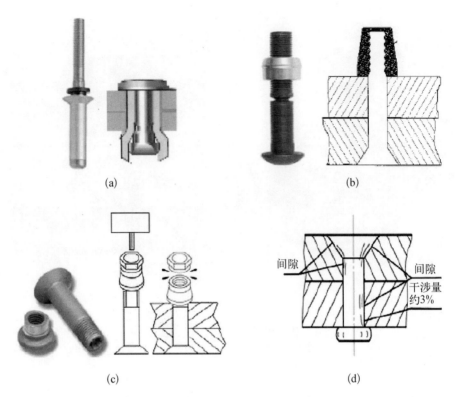

图 11-26　常用 CFRP/金属叠层连接方式

(a) 抽芯铆接　(b) 锁紧螺栓连接　(c) 高锁螺栓连接　(d) 干涉连接

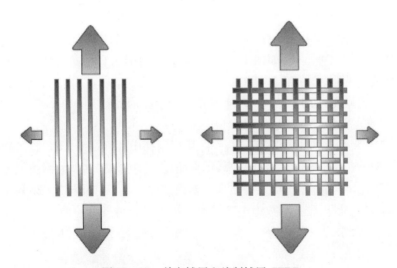

图 11-27　单向铺层和编制铺层 CFRP

（1）CFRP 在上，铝合金在下（CFRP/Al）。

CFRP/Al 叠层在制孔中，为了保证铝合金出口无毛刺，采用金刚石涂层硬质合

图 11-28 虚拟五轴加工中心和制孔刀具

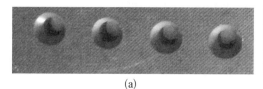

(a)

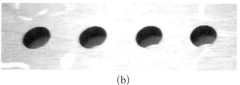

(b)

图 11-29 制孔测试结果

(a) 锪窝入口 (b) 出口

金三尖钻,如图 11-30 所示。制孔加工参数为主轴转速 6 000 r/min,进给速度为 200 mm/min,现场测试结果如图 11-30 所示。制孔入口和出口均无劈裂、毛刺,完全满足制孔质量要求。

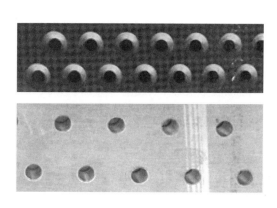

图 11-30 制孔刀具和制孔测试结果

（2）铝合金在上，CFRP 在下（Al/CFRP）。

Al/CFRP 叠层在制孔中，为了保证 CFRP 出口无毛刺和劈裂，采用金刚石涂层硬质合金双刃带多面钻，如图 11 - 31 所示。制孔加工参数为主轴转速 6 000 r/min，进给速度为 200 mm/min，现场测试结果如图 11 - 31 所示。制孔入口和出口均无劈裂、毛刺，完全满足制孔质量要求。

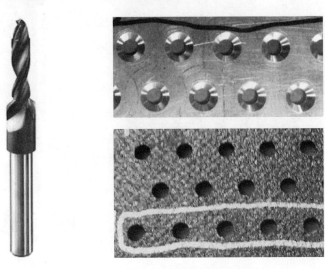

图 11 - 31　制孔刀具和制孔测试结果

3）CFRP/钛合金叠层制孔

由于钛合金热导率小，会导致切削温度高，80％的热量传入刀具体上，致使高温下刀具更易发生磨损。在 CFRP/钛合金叠层制孔中，由于钻孔加工的封闭空间使得排屑不畅造成瞬间扭矩增大，会引起严重的层间分层，合金的高温切屑与 CFRP 孔壁高速摩擦影响孔壁的加工质量。刀具从各向异性的复合材料和各向同性的合金，经历不同的切削规律，叠层界面处的制孔质量差的问题突出。因此，CFRP/钛合金叠层制孔的关键问题在于制孔过程中的排屑、断屑和切削温度控制。

（1）CFRP 在上，钛合金在下（CFRP/Ti）。

CFRP/Ti 叠层在制孔中，采用变参数加工方式分别加工钛合金和 CFRP，如图 11 - 32 所示。首先采用 CFRP 的加工参数加工 CFRP，在距离 CFRP 底面 0.5 mm 时，改变用钛合金加工参数，并采取啄钻的加工方式，每次啄钻刀具退回加工表面，直至加工完成。CFRP 加工参数为主轴转速 6 000 r/min，进给速度为 200 mm/min，钛合金加工参数为主轴转速 400 r/min，进给速度 40 mm/min。

（2）钛合金在上，CFRP 在下（Ti/CFRP）。

Ti/CFRP 叠层在制孔中，加工方式同 CFRP/Ti 叠层制孔类似，先采用啄钻加工钛合金，然后进行 CFRP 加工。这种情况下，重点关注的是在加工 CFRP 时，不

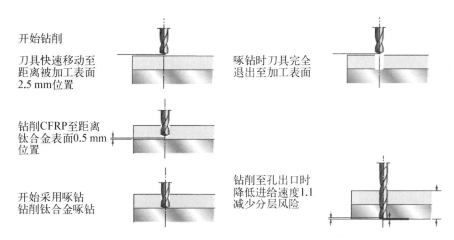

开始钻削

刀具快速移动至
距离被加工表面
2.5 mm位置

啄钻时刀具完全
退出至加工表面

钻削CFRP至距离
钛合金表面0.5 mm
位置

开始采用啄钻
钻削钛合金啄钻

钻削至孔出口时
降低进给速度1.1
减少分层风险

图 11-32　CFRP/Ti 叠层制孔工艺

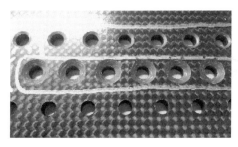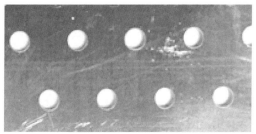

图 11-33　CFRP/Ti 叠层制孔测试结果

能碰到钛合金,不然会引起钛合金和 CFRP 界面烧伤。图 11-33 所示为加工测试结果。

11.6　小结

　　新一代大型客机对本体结构的服役性能要求极端苛刻,对轻量化、高性能、高可靠性、功能高效化的构件制造提出迫切要求。为满足上述需求,由碳纤维增强复合材料与轻质金属合金(铝合金、钛合金等)装配制成的大尺度、高性能、轻量化的构件已成为大型飞机结构件发展的主要趋势。我国自主研制的商用客机 C919 平尾已采用整体式 CFRP/钛合金整体构件;下一代大型宽体客机 C929 的复合材料使用比例计划达到 50% 左右,达到目前空客 A380 和波音 B787 的水平。CFRP 与钛合金的装配连接多采用铆接或螺接的机械连接形式。为了实现高质量高可靠性的连接,需要在这些构件上加工大量的精密装配连接孔,制孔质量对构件的机械力学性能、可靠性与寿命均具有决定性影响。因此,CFRP 构件的高效精密数控加工技术已经成为大型客机制造核心竞争力的体现,必须开发高性能专用 CFRP 刀具,提升 CFRP 制造技术及检测技术,以应对 CFRP 大量应用带来的制造难题。

参考文献

［1］ 黄伯云. 材料大辞典(第二版)［M］.北京：化学工业出版社,2016.

［2］ 黎小平,张小平,王红伟. 碳纤维的发展及其应用现状［J］.高科技纤维与应用,2005,30 (05)：24-30.

［3］ 上官倩芡,蔡泖华.碳纤维及其复合材料的发展及应用［J］.上海师范大学学报(自然科学版),2008,37(03)：275-279.

［4］ 高爱君. PAN 基碳纤维成分、结构及性能的高温演变机理［D］.北京：北京化工大学,2012.

［5］ 吴良义,罗兰,温晓蒙.热固性树脂基体复合材料的应用及其工业进展［J］.热固性树脂, 2008,23(b08)：22-31.

［6］ 陈祥宝,张宝艳,邢丽英. 先进树脂基复合材料技术发展及应用现状［J］.中国材料进展, 2009,28(06)：2-12.

［7］ Teti, R. Machining of Composite Materials［J］. CIRP Annals-Manufacturing Technology, 2002, 51(2)：611-634.

［8］ 益小苏,杜善义,张立同.复合材料手册［M］.北京：化学工业出版社,2009.

［9］ 王荣国,武卫莉,谷万里.复合材料概论［M］.哈尔滨：哈尔滨工业大学出版社,1999.

［10］ 陈绍杰.复合材料技术与大型飞机［J］.航空学报,2008,29(03)：605-610.

［11］ 杜善义.先进复合材料与航空航天［J］.复合材料学报,2007,24(01)：1-12.

［12］ 傅恒志,朱明,杨尚勤.空天技术与材料科学［M］.北京：清华大学出版社,2011.

［13］ Lee S-C, Jeong S-T, Park J-N, etc. Study on drilling characteristics and mechanical properties of CFRP composites［J］. Acta Mechanica Solida Sinica, 2008, 21(4)：364-368.

［14］ Jain S, Yang D C H. Delamination-free drilling of composite laminates［J］. Journal of Engineering for Industry. 1994, 116(4)：475-481.

［15］ Babu P R, Pradhan B. Effect of damage levels and curing stresses on delamination growth behaviour emanating from circular holes in laminated FRP composites［J］. Composites Part A：Applied Science and Manufacturing, 2007, 38(12)：2412-2421.

［16］ König W, Wulf C, Graß P, etc. Machining of fibre reinforced plastics［J］. CIRP Annals — Manufacturing Technology, 1985, 34(2)：537-548.

［17］ Upadhyay P C, Lyons J S. On the evaluation of critical thrust for delamination-free drilling of composite laminates［J］. Journal of Reinforced Plastics and Composites, 1999, 18(14)：1287-1303.

［18］ 张厚江.碳纤维复合材料(CFRP)钻削加工技术的研究［D］.北京：北京航空航天大学,1998.

［19］ 张厚江.单向碳纤维复合材料直角自由切削力的研究［J］.航空学报,2005,26(05)：604-609.

［20］ 张厚江,陈五一,陈鼎昌.碳纤维复合材料切削机理的研究［J］.航空制造技术,2004(07)：57-59.

［21］ Wang X M, Zhang L C. An experimental investigation into the orthogonal cutting of unidirectional fibre reinforced plastics［J］. International Journal of Machine Tools and Manufacture,2003,43(10)：1015-1022.

[22] Wang D H，Ramulu M，Arola D. Orthogonal cutting mechanisms of graphite/epoxy composite. Part I：unidirectional laminate[J]. International Journal of Machine Tools and Manufacture，1995，35(12)：1623 - 1638.

[23] Sreejith P S，Krishnamurthy R，Malhotra S K，etc. Evaluation of PCD tool performance during machining of carbon/phenolic ablative composites [J]. Journal of Materials Processing Technology，2000，104(1)：53 - 58.

[24] Zhang L C，Zhang H J，Wang X M. A force prediction model for cutting unidirectional fibre-reinforced plastics[J]. Machining Science and Technology，2001，5(3)：293 - 305.

[25] Krishnaraj V，Prabukarthi A，Ramanathan A，etc. Optimization of machining parameters at high speed drilling of carbon fiber reinforced plastic (CFRP) laminates[J]. Composites Part B：Engineering，2012，43(4)：1791 - 1799.

[26] Zitoune R，Collombet F. Numerical prediction of the thrust force responsible of delamination during the drilling of the long-fibre composite structures[J]. Composites Part A：Applied Science and Manufacturing，2007，38(3)：858 - 866.

[27] Piquet R，Ferret B，Lachaud F，etc. Experimental analysis of drilling damage in thin carbon/epoxy plate using special drills [J]. Composites Part A：Applied Science and Manufacturing，2000，31(10)：1107 - 1115.

[28] Chen W - C. Some experimental investigations in the drilling of carbon fiber-reinforced plastic (CFRP) composite laminates [J]. International Journal of Machine Tools and Manufacture，1997，37(8)：1097 - 1108.

[29] Iliescu D，Gehin D，Gutierrez M E，etc. Modeling and tool wear in drilling of CFRP[J]. International Journal of Machine Tools and Manufacture，2010，50(2)：204 - 213.

[30] Murphy C，Byrne G，Gilchrist M. The performance of coated tungsten carbide drills when machining carbon fibre-reinforced epoxy composite materials [J]. Proceedings of the Institution of Mechanical Engineers，Part B：Journal of Engineering Manufacture，2005，216(2)：143 - 152.

[31] Lin，S. C.，Chen，I. K. Drilling carbon fiber-reinforced composite material at high speed [J]. Wear，1996，194(1 - 2)：156 - 162.

[32] 陈众迎. T300/AG80 复合材料层合板力学性能的测试与分析[D]. 北京：北京工业大学，2010.

[33] Zhang L B，Wang L J，Liu X Y. A mechanical model for predicting critical thrust forces in drilling composite laminates[J]. Proceedings of the Institution of Mechanical Engineers，Part B：Journal of Engineering Manufacture，2001，215(2)：135 - 146.

[34] 张厚江，陈五一，陈鼎昌. 碳纤维复合材料钻削孔分层缺陷的研究[J]. 中国机械工程，2003，14(22)：1996 - 1998.

[35] 张厚江，陈五一，陈鼎昌. 碳纤维复合材料(CFRP)钻孔出口缺陷的研究[J]. 机械工程学报，2004，40(07)：150 - 155.

[36] 张厚江，陈五一，陈鼎昌. 碳纤维复合材料钻孔分层的渗透检测[J]. 航空制造技术，2004(12)：78 - 80.

[37] 张厚江，陈五一，樊锐，等. 碳纤维复合材料高质量孔的钻削[J]. 航空制造技术，2004(03)：55 - 57.

[38] Liu P F，Chu J K，Liu Y L，etc. A study on the failure mechanisms of carbon fiber/epoxy

composite laminates using acoustic emission［J］. Materials ＆ Design，2012，37：228‐235.

[39] Yu Y‐H，Choi J‐H，Kweon J‐H，etc. A study on the failure detection of composite materials using an acoustic emission［J］. Composite Structures，2006，75(1)：163‐169.

[40] Arul S，Vijayaraghavan L，Malhotra S K. Online monitoring of acoustic emission for quality control in drilling of polymeric composites［J］. Journal of Materials Processing Technology，2007，185(1‐3)：184‐190.

[41] 刘怀喜，张恒，闫耀辰. 声发射技术在复合材料中的应用及研究进展[J]. 纤维复合材料，2002,19(04)：50‐52.

[42] 许凤旌，陈积懋. 声发射技术在复合材料发展中的应用[J]. 机械工程材料，1997(04)：30‐34.

[43] 刘怀喜，张恒，闫耀辰. 玻璃纤维/环氧树脂复合材料损伤与断裂过程的声发射特性[J]. 新技术新工艺,2004,18(03)：43‐44.

索　引

大飞机出版工程
书　目

一期书目(已出版)

《超声速飞机空气动力学和飞行力学》(俄译中)

《大型客机计算流体力学应用与发展》

《民用飞机总体设计》

《飞机飞行手册》(英译中)

《运输类飞机的空气动力设计》(英译中)

《雅克-42M和雅克-242飞机草图设计》(俄译中)

《飞机气动弹性力学和载荷导论》(英译中)

《飞机推进》(英译中)

《飞机燃油系统》(英译中)

《全球航空业》(英译中)

《航空发展的历程与真相》(英译中)

二期书目(已出版)

《大型客机设计制造与使用经济性研究》

《飞机电气和电子系统——原理、维护和使用》(英译中)

《民用飞机航空电子系统》

《非线性有限元及其在飞机结构设计中的应用》

《民用飞机复合材料结构设计与验证》

《飞机复合材料结构设计与分析》(英译中)

《飞机复合材料结构强度分析》

《复合材料飞机结构强度设计与验证概论》

《复合材料连接》

《飞机结构设计与强度计算》

三期书目(已出版)

《适航理念与原则》

《适航性：航空器合格审定导论》(译著)

《民用飞机系统安全性设计与评估技术概论》

《民用航空器噪声合格审定概论》

《机载软件研制流程最佳实践》

《民用飞机金属结构耐久性与损伤容限设计》

《机载软件适航标准 DO‑178B/C 研究》

《运输类飞机合格审定飞行试验指南》(编译)

《民用飞机复合材料结构适航验证概论》

《民用运输类飞机驾驶舱人为因素设计原则》

四期书目(已出版)

《航空燃气涡轮发动机工作原理及性能》

《航空发动机结构强度设计问题》

《航空燃气轮机涡轮气体动力学：流动机理及气动设计》

《先进燃气轮机燃烧室设计研发》

《航空燃气涡轮发动机控制》

《航空涡轮风扇发动机试验技术与方法》

《航空压气机气动热力学理论与应用》

《燃气涡轮发动机性能》(译著)

《航空发动机进排气系统气动热力学》

《燃气涡轮推进系统》(译著)

五期书目(已出版)

《民机飞行控制系统设计的理论与方法》

《现代飞机飞行控制系统工程》

《民机导航系统》

《民机液压系统》

《民机供电系统》

《民机传感器系统》

《飞行仿真技术》

《民机飞控系统适航性设计与验证》

《大型运输机飞行控制系统试验技术》

《飞控系统设计和实现中的问题》(译著)

六期书目(已出版)

《航空发动机高温合金大型铸件精密成型技术》

《民用飞机构件先进成形技术》

《民用飞机构件数控加工技术》

《民用飞机热表特种工艺技术》

《民用飞机自动化装配系统与装备》

《飞机材料与结构检测技术》

《民用飞机复合材料结构制造技术》

《复合材料连接技术》

《先进复合材料的制造工艺》（译著）

《聚合物基复合材料：结构材料表征指南（国际同步版）》（译著）

《聚合物基复合材料：材料性能（国际同步版）》（译著）

《聚合物基复合材料：材料应用、设计和分析（国际同步版）》（译著）

《金属基复合材料（国际同步版）》（译著）

《复合材料夹层结构（国际同步版）》（译著）

《夹层结构手册》（译著）

《ASTM D30 复合材料试验标准》（译著）

《飞机喷管的理论与实践》（译著）

《大飞机飞行控制律的原理与应用》（译著）

七期书目

《民机航空电子系统综合化原理与技术》

《民用飞机飞行管理系统》

《民用飞机驾驶舱显示与控制系统》

《民用飞机机载总线与网络》

《航空电子软件工程》

《航空电子硬件工程技术》

《民用飞机无线电通信导航监视系统》

《综合环境监视系统》

《民用飞机维护与健康管理系统》

《航空电子适航性设计技术与管理》

《民用飞机客舱与信息系统》